NEUROCIÊNCIA DA MEMÓRIA

A416n   All, Sherrie D.
       Neurociência da memória : 7 passos para aprimorar o poder do seu cérebro, melhorar a memória e manter a mente ativa em qualquer idade / Sherrie D. All ; tradução: Marcos Vinícius Martim da Silva ; revisão técnica: Ramon M. Consenza. – Porto Alegre : Artmed, 2025.
       xii, 186 p. : il. ; 25 cm.

    ISBN 978-65-5882-267-7

    1. Neurociência. 2. Memória. I. Título.

CDU 61.8/159.9

Catalogação na publicação: Karin Lorien Menoncin – CRB 10/2147

Sherrie D. All

NEUROCIÊNCIA DA MEMÓRIA

7 passos para aprimorar o poder do seu cérebro, melhorar a memória e manter a mente ativa em qualquer idade

Tradução
Marcos Vinícius Martim da Silva

Revisão técnica
Ramon M. Cosenza
Médico, Doutor em Ciências e professor aposentado do Instituto de Ciências Biológicas da Universidade Federal de Minas Gerais.

artmed

Porto Alegre
2025

Obra originalmente publicada sob o título *The Neuroscience of Memory:*
7 Skills to Optimize Your Brain Power, Improve Memory, and Stay Sharp At Any Age, 1st Edition

ISBN 9781684037438

Copyright © 2021 by Sherrie D. All
New Harbinger Publications, Inc.
5674 Shattuck Avenue
Oakland, CA 94609
www.newharbinger.com

Coordenadora editorial
Cláudia Bittencourt

Editora
Paola Araújo de Oliveira

Capa
Paola Manica | Brand&Book

Preparação de originais
Marquieli Oliveira

Editoração
AGE – Assessoria Gráfica Editorial Ltda.

Reservados todos os direitos de publicação, em língua portuguesa, ao
GA EDUCAÇÃO LTDA.
(Artmed é um selo editorial do GA EDUCAÇÃO LTDA.)
Rua Ernesto Alves, 150 – Bairro Floresta
90220-190 – Porto Alegre – RS
Fone: (51) 3027-7000

SAC 0800 703 3444 – www.grupoa.com.br

É proibida a duplicação ou reprodução deste volume, no todo ou em parte, sob quaisquer formas ou por quaisquer meios (eletrônico, mecânico, gravação, fotocópia, distribuição na Web e outros), sem permissão expressa da Editora.

IMPRESSO NO BRASIL
PRINTED IN BRAZIL

AUTORA

Sherrie D. All, Ph.D., é apaixonada por capacitar as pessoas a usarem o cérebro de forma brilhante para que vivam melhor, liderem melhor e amem melhor. É palestrante internacional, escritora, psicóloga clínica atuando em neurorreabilitação e especialista em Saúde Cerebral. Fundadora e diretora do Chicago Center for Cognitive Wellness — uma clínica particular dedicada a ajudar pessoas com ansiedade, depressão e sintomas físicos, com foco particular em auxiliar adultos que experimentam declínio cognitivo por meio de serviços de avaliação e tratamento. Como neuropsicóloga, atende pessoas com traumatismo cranioencefálico, esclerose múltipla, demência, entre outras condições de saúde.

O autor da Apresentação, **Paul E. Bendheim**, M.D., é professor clínico de Neurologia da Faculdade de Medicina da University of Arizona. Fundador e diretor médico da BrainSavers® e autor de *The Brain Training Revolution: A Proven Workout for Healthy Brain Aging.*

Para Ella, Lily, Charlie e Alex. Que vocês nunca tenham medo de ser cientistas destemidas, ou o que quiserem ser.

AGRADECIMENTOS

Meu incrível marido, Mike All, é o melhor. Além de ter me dado esse ótimo sobrenome, nunca critica minhas ideias, cria graciosamente nossas quatro filhas enquanto viajo e escrevo e adora passar o aspirador. Ele também me ajudou imensamente com as imagens deste livro. Meu potencial é muito ampliado graças a esse apoio que recebo em casa.

Agradeço à minha equipe de redação. À Wendy Millstein, da New Harbinger, que me "descobriu"; à minha agente, Amy Bishop, da Dystel, Goderich & Bourret, LLC, por me apoiar e dar *feedback* consistente; a Jennye Garibaldi, Caleb Beckwith e Gretel Hakanson, da New Harbinger, pela maravilhosa orientação editorial. A Ryan Bartholomew, da PESI, que me ajudou a "me expor". Às minhas amigas por me ouvirem e apoiarem, vocês sabem quem são; além de agradecimentos especiais a Suzanne Dunne, Kate Dunkley, Karen Young, Sara Barrett, Polina Reyngold, Leanne Searight e Starla Sholl. A todas as pessoas incríveis do meu círculo de *networking* Women Belong, da Wright Foundation for the Realization of Human Potential e do Inspiring Victory Writing Group. Sou especialmente grata à Sarah Victory, que foi a primeira pessoa capaz de me dizer que eu poderia fazer isso, e à Suzanne Nance, por sua orientação editorial. Também agradeço à incrível equipe do Chicago Center for Cognitive Wellness: Lydia Wardin, Psy.D.; Steven Bernfeld, Ph.D.; Genevieve Wolff, M.A.; Martha Tierney, L.C.S.W.; Tina Mavalankar, L.C.S.W.; Anna Reidy; e Zoë Grubbs, que fazem seu trabalho com dedicação para que eu possa me entregar às minhas paixões. Meu coração está repleto.

APRESENTAÇÃO

De todas as coisas que perdi, sinto mais falta da minha mente.
Mark Twain

Você nunca saberá o valor de um momento até que ele se torne uma memória.
Dr. Seuss

Acabamos de alcançar um ponto único nos Estados Unidos, em que, pela primeira vez, o número de pessoas com mais de 65 anos superou o número de pessoas com menos de 5 anos. À medida que a população envelhece, o medo de perder a mente — de perder a memória — tornou-se uma das principais preocupações de saúde. Muitas pesquisas documentam essa preocupação, e ela é válida. Estamos atualmente na fase inicial de uma epidemia da doença de Alzheimer, a principal causa de demência progressiva.

Todos os dias, 10 mil *baby boomers* completam 65 anos. A idade avançada e as práticas de estilo de vida não saudáveis são os dois principais fatores de risco para a doença de Alzheimer. Em 2021, havia cerca de 6 milhões de pessoas vivendo com essa doença, número que aumentará para 15 milhões nos próximos 30 anos se não implementarmos estratégias para mudar essa trajetória.

As estatísticas parecem ruins, e, até recentemente, o prognóstico era sombrio. Quando eu era estudante de Medicina e, depois, residente em Neurologia, o dogma central do cérebro envelhecido era que ele seria inflexível. Quando você atingisse os 40 anos, esse maravilhoso órgão computacional — a sede de todas as funções comportamentais, emocionais, cognitivas, de aprendizagem e criativas distintivas e únicas dos humanos — começaria a se desfazer. Se você tivesse sorte, isso aconteceria lentamente; se não, isso ocorreria mais rapidamente, e você se tornaria demente (anteriormente, o termo era "senil").

A boa e encorajadora notícia é que temos a capacidade de mudar esse percurso. Como a Dra. Sherrie D. All explica neste livro, a neurociência do cérebro em envelhecimento (o que eu chamei de "a nova ciência do cérebro em envelhecimento") tem em seu núcleo dois princípios: neuroplasticidade e reserva cognitiva. A neuroplasticidade é a capacidade do cérebro de mudar sua anatomia, criar novas células e conectá-las a outros neurônios. A reserva cognitiva é a capacidade de construir uma apólice de seguro — uma barreira, se preferir — contra a perda de memória e de outras funções cognitivas. A reserva cognitiva diminui o desgaste do cérebro associado ao envelhecimento normal (menos falhas e lapsos de memória), mas, mais importante, reduz o risco de declínio cognitivo progressivo que resulta em doença de Alzheimer ou demência vascular.

A Dra. All é uma neuropsicóloga renomada. Ela fundou o Chicago Center for Cognitive Wellness e já ajudou inúmeros pacientes a lidarem com o medo e a realidade da perda de memória. Seu aconselhamento e seus programas enriquecem vidas, pois capacitam as pessoas com ferramentas para melhorar a formação, a permanência e a recuperação de memórias. Neste livro, ela não apenas explica a ciência por trás da metodologia para a melhoria cognitiva e a saúde cerebral duradoura, como também faz perguntas difíceis que levam à reflexão e, consequentemente, à ação sobre questões pessoais relativas a cognição e memória. Ela, então, apresenta exercícios e orientações, permitindo ao leitor melhorar o cérebro tanto em curto prazo (memória de trabalho) quanto ao longo da vida (memórias episódicas e semânticas de longo prazo).

Para minha satisfação como fervoroso defensor de um estilo de vida saudável para o cérebro, a Dra. All dedica capítulos aos componentes do estilo de vida mais críticos para indivíduos em envelhecimento que desejam enriquecer sua vida enquanto fortalecem a mente e o corpo.

Assim como para muitos outros empreendimentos na vida, os benefícios vêm para aqueles que se dedicam. Cada um de nós deve ser o próprio camisa 10 do cérebro saudável. Felizmente, o programa da Dra. All, se iniciado e seguido com compromisso, levará a um progresso real conforme você avança. À medida que experimenta os benefícios enquanto desfruta de uma vida mais rica e menos estressante, você agradecerá à Dra. All por suas orientações baseadas em evidências.

Paul E. Bendheim, M.D.
Professor clínico de Neurologia da Faculdade de Medicina
da University of Arizona. Autor de *The Brain Training Revolution:
A Proven Workout for Healthy Brain Aging*

SUMÁRIO

Apresentação xi
Paul E. Bendheim

PARTE I
FUNDAMENTOS

    Introdução 3
1. Os benefícios da neurociência 9
2. Por que as pessoas têm problemas de memória 21
3. Memória no cérebro 41
4. Reserva cognitiva: um nome familiar 61
5. Desenvolva um cérebro mais resiliente por meio da neuroplasticidade 79

PARTE II
AS HABILIDADES

6. Mova seu corpo para desenvolver um cérebro maior 95
7. Aprenda coisas novas 113
8. Reduza o estresse para ter um cérebro maior e com melhor foco ... 127
9. Sono 141
10. Coma seus vegetais 151
11. Tome cuidado com os seus medicamentos 161
12. Socialize com propósito 171

    Referências 179

PARTE I

FUNDAMENTOS

INTRODUÇÃO

Você tem uma memória ruim? As outras pessoas concordariam ou diriam que isso é apenas uma coisa da sua cabeça (trocadilho intencional aqui)? Independentemente de ter ou não uma péssima memória, suponho que, pelo fato de estar com este livro, você esteja preocupado com ela de alguma forma. Imagino que, no mínimo, esteja curioso, em busca de respostas. Talvez até frustrado. Pode ser que as coisas não sejam mais como eram antes ou que novos desafios estejam surgindo.

É NORMAL FICAR COM MEDO

Seja alguém que sempre teve uma memória ruim, seja alguém que está percebendo um declínio, você não está sozinho em seu temor. A perda de memória é um dos principais medos das pessoas (Kelley, Ulin, e McGuire, 2018), e por boas razões. Seus receios não são infundados. Dependemos muito de nosso cérebro em nossa cultura e em nossa economia baseadas na inteligência. Uma memória aguçada é um recurso valioso; para muitos de nós, é a base de nosso sustento, além de ser fonte de orgulho e *status*. Pare um momento para pensar em quanto dinheiro você perderia em renda, despesas com saúde e cuidados pessoais se tivesse de parar de trabalhar hoje ou se as pessoas precisassem ficar de olho em você porque você continua esquecendo o fogão ligado. Esses valores podem rapidamente chegar a centenas de milhares e, frequentemente, milhões de reais.

É possível que você já tenha experimentado algumas dessas perdas. Se for o caso, então você conhece muito bem o impacto que a perda de memória tem em sua conta bancária, sem mencionar em seu orgulho e sua autoestima. Essas mudanças podem ser devastadoras. Depressão e ansiedade são reações comuns e compreensíveis.

Pior do que a perda de dinheiro, a maioria das pessoas teme a perda da independência. E se você não pudesse mais dirigir ou marcar seus próprios compromissos? E se alguém tivesse de colocar a própria vida em espera para cuidar de você? Esses cenários não são necessariamente o fim do mundo. Cada vez mais, essa está se tornando a realidade de muitos que cuidam de pais idosos. Menciono isso, no entanto, para reconhecer o medo que a maioria das pessoas tem em relação ao que significaria perder habilidades de memória. Também suponho que esses sejam alguns dos medos profundos, talvez não nomeados, que o levaram a escolher este livro.

Independentemente da sua circunstância, há muito o que você pode fazer, então fico feliz que tenha vindo aqui em busca de ajuda.

COMO USAR ESTE GUIA

Este livro é um guia. Portanto, preenchi-o com atividades e espaços para você registrar seus pensamentos, objetivos e planos. Minha intenção é que você use essas atividades para desenvolver uma memória melhor. Algumas das planilhas podem ser impressas ou usadas repetidamente; por isso, muitas delas estão disponíveis na página do livro em loja.grupoa.com.br.

Os instrumentos não são diagnósticos. Eles estão aqui para ajudá-lo a entender melhor seu cérebro e sua memória e a identificar seus pontos fortes, que você usará para apoiar, reforçar e complementar suas áreas mais fracas. Embora eu não espere que isso aconteça com todos, alguns questionários podem gerar ansiedade ou aumentar a consciência sobre sua memória a ponto de você precisar buscar apoio profissional. Nesses casos, busque esse auxílio e não evite as atividades por medo. Sentir medo é importante; pode levá-lo a agir. Além disso, informação é poder, e a ajuda está disponível e pode ser transformadora.

Os exercícios foram elaborados para que você pratique as habilidades que estou ensinando. Em cada capítulo, você aprenderá sobre um princípio da neurociência ou sobre uma estratégia comprovada para melhorar a memória. Em seguida, reforçará sua compreensão e sua adoção desses princípios e dessas habilidades para uma mudança duradoura por meio dos exercícios. Você colhe o que planta.

O LONGO PRAZO E A NECESSIDADE DE PRÁTICA

Nossa jornada juntos provavelmente levará tempo — semanas, meses, talvez até anos —, e isso é normal. A "velocidade de tartaruga" é realmente o ritmo da mudança duradoura, quer queiramos admitir, quer não. Para aproveitar ao máximo este livro, você deve se comprometer com um padrão de atenção diária. Agende em seu calendário sessões diárias ou semanais com seu guia. Você estabelecerá metas para praticar as estratégias que ensinarei, muitas vezes praticando cada técnica por uma semana.

Não estou inventando essa necessidade de prática. Que guia sobre neurociência e memória estaria completo sem examinar o que a neurociência tem a dizer sobre o assunto? A neurociência nos diz que *a repetição é importante*. *Faça os exercícios*. Pratique suas novas habilidades. Isso porque você está trabalhando para *reconectar seu cérebro* para uma memória melhor. A reconexão não acontece instantaneamente. Para desenvolver melhores habilidades de memória, você deve praticá-las, repeti-las, reaprendê-las e mantê-las, o que significa *repeti-las*. Para isso, estruturei muitos dos exercícios de memória de forma a oferecer oportunidades de praticá-los enquanto você aprende a neurociência por trás de tudo. Este livro é diferente de um livro-padrão de truques de memória. Você pode achar que muitos dos exercícios parecem ser mais sobre neurociência do que sobre memória. Estamos usando a neurociência para ajudá-lo a melhorar sua aprendizagem e sua memória. Construir uma memória melhor é uma questão de aprender melhor, e que melhor oportunidade para praticar a aprendizagem do que aprendendo? Muitos exercícios estão aqui para ajudá-lo a aprender sobre neurociência, e, ao usar as estratégias para aprender e lembrar de um novo tópico, você pratica em preparação para aprender outros tópicos. À medida que aprende mais sobre plasticidade cerebral (a maneira como o cérebro adulto muda e se remodela), a necessidade de prática ficará ainda mais clara. Entender a neurociência pode não fazer você *sentir vontade* de realizar os exercícios mais do que agora, mas você entenderá a base neural de por que praticar é tão importante.

CONHEÇA CINDY, SUA COMPANHEIRA NESSA JORNADA

Cindy Williams tem 47 anos. Ela tem três filhos, de 10, 13 e 17 anos. Trabalha em tempo integral e compartilha a guarda das crianças com o ex-marido. Cindy gosta do seu trabalho, mas frequentemente se sente sobrecarregada pelas políticas do escritório. Há cerca de cinco anos, ela sofreu uma concussão quando alguém no trabalho abriu a porta da sala de descanso muito rápido, atingindo sua cabeça. Cindy não perdeu a consciência, mas acordou no dia seguinte com uma terrível dor de cabeça e se sentindo muito mal. Isso aconteceu no calor do seu divórcio. Inicialmente, ela tentou não se afastar do trabalho, mas, após semanas de dores de cabeça, tonturas, confusão mental e cansaço, finalmente se reuniu com o RH para iniciar um pedido de compensação trabalhista, o que lhe permitiu tirar um tempo de folga.

No início, os médicos pareciam desconsiderar seus medos e suas preocupações, tentando ser otimistas sobre seu prognóstico. Ela se sentia invalidada, como se as pessoas achassem que ela estava inventando tudo e que era preguiçosa. Finalmente, encontrou um bom terapeuta, de quem gostou, e um bom médico de reabilitação e dor, mas sentia que a empresa a julgava e a pressionava para voltar ao trabalho antes de estar pronta para isso.

Desde que tudo isso aconteceu, ela se preocupa constantemente com sua memória e se pergunta: "Vou ter Alzheimer como minha avó?". Toda vez que Cindy esquece um compromisso, o que acontece todo mês ou algo assim, ela se culpa, sentindo medo e vergonha.

Cindy não tem dormido bem desde o acidente e o divórcio. Além disso, quem dorme bem com adolescentes em casa? Ela toma Tylenol® PM todas as noites para ajudar com isso. Ela e os filhos vivem de uma dieta constante de *delivery*, porque quem tem tempo para cozinhar, muito menos ir à academia? Depois de chegar em casa, organizar as crianças e alimentar todos, o melhor que ela consegue fazer é se jogar no sofá para assistir a *Grey's Anatomy* e jogar *Candy Crush* com uma taça de Chardonnay e a garrafa ao lado. Diz a si mesma que vai tomar apenas uma taça, embora isso raramente aconteça, e se pergunta: "É só isso? Estou condenada a uma vida em um asilo? Não posso fazer algo para melhorar minha memória?".

Seus dedos se afastam do *Candy Crush* e vão para o aplicativo da Amazon no seu telefone, o salva-vidas de qualquer mãe nos dias de hoje. Ela encontra este guia sobre neurociência e memória e o encomenda. Como você, ela começa a trabalhar nos exercícios, mudando sua vida, sua memória e seu cérebro.

É UM PRAZER SER SUA GUIA

Ao longo de nossa jornada juntos, eu guiarei você e Cindy para uma compreensão mais profunda do seu cérebro, focando em como ele apoia sua memória. Vou orientá-lo sobre como ele funciona e como ele pode falhar. Ao desenvolver uma compreensão mais profunda de como seu cérebro funciona, você estará equipado com mais ferramentas para operá-lo melhor.

Tenho ajudado pessoas a melhorar seu raciocínio há quase duas décadas. Estou entusiasmada e honrada por ter a oportunidade de apoiá-lo em sua jornada de melhoria da memória, e sou grata a você por ter me convidado para acompanhá-lo nessa jornada.

POR QUE NEUROCIÊNCIA? (NÃO APENAS OUTRO LIVRO DE MEMÓRIA)

Nas últimas duas décadas, o campo da neurociência foi revolucionado por novas pesquisas que mostram que o cérebro adulto pode e muda de maneiras positivas ao longo de toda a vida, moldando-se com base em como o usarnos. Essa nova ciência, por sua vez, mudou drasticamente a maneira como entendemos a memória e as abordagens necessárias para maximizar sua função. Com base na neurociência mais recente para ajudá-lo a evitar a futilidade em seus esforços de aprimoramento da memória, vou guiá-lo na compreensão das evidências mais atuais sobre como seu cérebro funciona, o que ajudará a direcionar seus esforços de forma eficaz para alcançar suas metas pessoais.

Você aprenderá como seu estado físico pode melhorar ou prejudicar sua memória, fornecendo a motivação necessária para comer vegetais, dormir bastante e mover seu corpo, como os especialistas recomendam. Você aprenderá a biologia por trás de por que momentos de intensa emoção podem destacar ou sequestrar suas memórias. Esse conhecimento lhe dará controle. Você também aprenderá e praticará técnicas de memória comprovadas, enquanto aprende a operar da melhor forma o órgão que coordena o espetáculo.

METACOGNIÇÃO

Os elementos neuro (cérebro) e a ciência deste livro são úteis porque, quando você sabe como sua memória funciona, de fato, dentro do seu cérebro, está mais bem equipado para usá-la. Pesquisas no campo da reabilitação cognitiva — um conjunto de intervenções baseadas em evidências para melhorar a memória e outras habilidades cognitivas, como a atenção, em pessoas que sofreram declínio devido a uma lesão ou doença — mostraram que, quando as pessoas entendem como o cérebro funciona, elas são mais capazes de controlar e melhorar sua função. Essa abordagem "metacognitiva" (que significa "pensar sobre o pensamento") resulta nos melhores efeitos para os pacientes quando essas intervenções de reabilitação são testadas (Cicerone et al., 2011). Intervenções que não incluem esse tipo de educação informada pela neurociência resultam em efeitos mais fracos.

Assuma o controle da sua memória. Melhorar sua memória com a neurociência o coloca no comando para mudar e desenvolver seu cérebro e sua memória. Então, vamos começar.

1

OS BENEFÍCIOS DA NEUROCIÊNCIA

Talvez você sempre tenha tido uma memória ruim, talvez não. Pode ser que tenha sofrido uma concussão recentemente ou passado por quimioterapia. Não há maneira mais rápida de se tornar extremamente consciente das falhas de memória do que vivenciar um período em que seu cérebro simplesmente não funciona como costumava funcionar. (Gravidez e noites sem dormir com um recém-nascido, alguém aí?) Talvez você tenha recebido um diagnóstico de esclerose múltipla ou doença de Parkinson, ou tenha sido picado por aquele carrapato infeliz e contraído a doença de Lyme. Agora você se pergunta: "O que me espera se eu perder minhas habilidades de memória?". Talvez esteja sentindo o peso da idade e notando as mudanças que vêm naturalmente com o envelhecimento, mas, compreensivelmente, isso lhe preocupa. Como muitas pessoas que visitam meu consultório, é provável que você se sinta assustado. No mínimo, tenho certeza de que é seguro dizer que você não está satisfeito com sua memória e está em busca de soluções.

POR QUE VOCÊ QUER MELHORAR SUA MEMÓRIA?

Dedique um momento para registrar por que você escolheu este livro. Isso o ajudará a reconhecer alguns de seus medos e preparar o terreno para abordá-los enquanto trabalhamos juntos.

_____

_____

_____

_____

O que você anotou? Você quer uma memória melhor para se exibir ou competir em concursos de memória? Acho que provavelmente não. Aposto que você listou razões relacionadas a querer ser melhor no trabalho ou ser um pai, avô, parceiro ou amigo mais atento. Você também pode estar com medo da nuvem escura da demência aparecendo no horizonte e quer permanecer independente e produtivo pelo maior tempo possível. Aposto que você deseja estratégias baseadas em evidências que manterão seu cérebro forte e vibrante, e não truques baratos.

É isso que quero para você, e usar uma abordagem neurocientífica é a melhor maneira de chegar lá. Os avanços da neurociência nos últimos 20 anos revelaram muitas surpresas, levando-nos a redefinir as prioridades do que recomendamos como estratégias de aprimoramento da memória. Essa nova ciência o ajudará a concentrar seus esforços de maneira mais eficaz para ajudá-lo a atender o porquê e as intenções listadas. O cérebro de muitos adultos está ficando maior ao longo da vida. Você sabia disso? No entanto, muitos estão ficando menores. Em qual grupo você estará?

ESTÁ TUDO NA MINHA CABEÇA?

Como não sou sua médica, não tenho como saber se suas preocupações com a memória são clinicamente relevantes ou não. Pode muito bem ser o caso de haver algo errado com sua memória e seu cérebro. Em contrapartida, seu cérebro pode estar perfeitamente bem. Ou você pode não estar preocupado e ter começado a ler este livro apenas para se dar uma vantagem. Todos são ótimos pontos de partida.

Se você está preocupado com seu cérebro, a única maneira real de saber se suas dificuldades são normais ou não é fazer um *check-up* com um médico. Sou uma grande defensora de fazer todos esses exames, o que geralmente envolve consultar alguns profissionais diferentes. Você precisará que seu médico solicite exames de sangue e uma tomografia cerebral. Alguns clínicos gerais fazem isso, mas muitos encaminharão você para um neurologista. Um neurologista pode rapidamente avaliar mudanças na memória e saber se sua memória está bem ou não, mas, em muitos casos, o teste do neurologista não é suficientemente sensível. O padrão-ouro para um diagnóstico de demência é o teste neuropsicológico formal realizado por um neuropsicólogo clínico, e o seguro cobre esse serviço na maioria dos casos (nos Estados Unidos).

O teste neuropsicológico é uma espécie de teste de quociente de inteligência (QI), mas mais amplo, avaliando todas as habilidades cerebrais, incluindo a memória. Você se senta com um profissional treinado por cerca de 3 a 6 horas e realiza uma variedade de tarefas. A maioria é interativa ou baseada em papel e lápis. Alguns dos testes são feitos no computador, mas tenha cuidado com ofertas para fazer toda a avaliação em um computador, pois pode haver sérios problemas de validade com esse tipo de instrumento.

Sou apaixonada por avaliação neuropsicológica, e não apenas porque é minha área de formação profissional e uma oferta fundamental em minha clínica. Em quase todos os casos, o teste objetivo de sua memória é a única maneira de realmente saber se algo está errado ou se você está preocupado sem motivo. É uma ótima ideia ter uma opinião profissional sobre quais habilidades cognitivas você pode estar perdendo, o quanto suas habilidades estão ou não diminuindo e qual eles acham que é a causa, porque, adivinha só? Você pode fazer algo a respeito!

Talvez você já soubesse disso ou estivesse esperançoso, caso contrário, por que estaria lendo este livro, certo? Meu ponto é que muitas pessoas evitam fazer testes por medo de que isso forneça conhecimento inútil: "Por que me preocupar em saber se tenho um problema de memória se não posso fazer nada a respeito?". Você pode fazer algo a respeito, e uma avaliação formal lhe dará uma ideia do que fazer, em termos tanto de quão preocupado você precisa estar ou não quanto de onde concentrar seus esforços.

Organize seus pensamentos. Anote algumas de suas reflexões. Liste alguns de seus medos. Você quer consultar um médico? O que você poderia perguntar a ele?

_____

_____

_____

_____

O CÉREBRO HUMANO: DELICADO E RESILIENTE

É impressionante como nosso cérebro funciona tão bem, considerando a quantidade de coisas que podem dar errado. Você já sentiu essa sensação de admiração ao pensar: "Como tudo isso se junta e realmente funciona?". O dicionário Merriam-Webster define "admiração" como "uma emoção que combina, de várias formas, temor, veneração e maravilhamento, inspirada por autoridade ou pelo sagrado ou sublime". Você pode ter sentido isso ao segurar um bebê recém-nascido ou ao visitar um parque nacional. É assim que me sinto em relação ao cérebro. O simples fato de que esse órgão se forma nos primeiros 28 dias após a concepção, tem mais células ao nascer do que terá no resto da vida, está quase totalmente formado aos 25 anos e, na maioria dos casos, faz tudo isso impecavelmente é simplesmente incrível e inspirador.

Uma grande razão pela qual o cérebro é tão impressionante é porque ele é igualmente poderoso e delicado, assim como a própria vida. Considerando o número de coisas que podem dar errado com seu cérebro, é surpreendente como essa massa de 1,3 kg — tão frágil que precisa ficar dentro de um crânio denso, suspensa em líquido para não se machucar — na maioria das vezes se desenvolve em um supercomputador complexo e autocorretivo, mais poderoso do que qualquer computador já construído ou imaginado.

Seu cérebro, composto por bilhões de células e trilhões de conexões, é mais sofisticado que um iPhone, e, eu sei, esse aparelho é incrível, certo? Hoje, estou convencida de que meu celular sabe mais sobre mim do que eu mesma, mas, adivinhe? Seu cérebro é mais inteligente que esse celular. *Smartphones* são sofisticados devido a todas as diferentes redes que sintetizam. Seu cérebro também sintetiza redes, só que melhor do que a inteligência artificial.

Com frequência, tomamos todo esse poder como óbvio e ficamos chateados quando nosso cérebro não funciona como queremos. Coçamos a cabeça ou nos chamamos de burros quando estamos confusos na manhã seguinte a uma noite de bebedeira, após tomar um anti-histamínico ou depois de não dormir o suficiente. Adicione a isso um coração com funcionamento reduzido, flutuações do açúcar no sangue devido ao diabetes ou qualquer outra das inúmeras doenças físicas que podem deixá-lo sem se sentir tão afiado e não é de admirar que nos preocupemos com nossa memória.

Seu cérebro é delicado porque depende basicamente de todos os sistemas de órgãos do seu corpo para manter suas células vivas e funcionando adequadamente. Quando algo dá errado em seu corpo (coração, pulmões, rins, fígado, etc.), isso pode impactar drasticamente seu cérebro. Alguns problemas físicos são temporários, mas outros podem ser mais permanentes.

Organize seus pensamentos. Anote algumas reflexões ao considerar o cérebro como um órgão delicado sujeito a muitas interferências.

_____

_____

_____

_____

_____

_____

_____

MAS NÃO SE ASSUSTE DEMAIS

É importante não exagerar na preocupação com o que está prejudicando sua memória. Na maioria das vezes, nosso cérebro está perfeitamente bem. Para que um problema físico afete o funcionamento dele de forma detectável em testes neuropsicológicos, geralmente é preciso que ocorra um evento bastante significativo. Portanto, encorajo você a presumir o melhor.

No entanto, se você teme o pior, por favor, largue este livro agora mesmo e pegue o telefone para marcar uma consulta com seu médico. Faça isso agora. Não haverá mal em fazer um *check-up*. Você não precisa esperar 6 meses para conseguir uma consulta com um neurologista. Vá ver seu médico da atenção primária. Ele pode medir sua pressão arterial, verificar seu nível de vitamina B12 e fazer perguntas sobre quão ruim está a situação.

O que você viu ou ouviu? Quais são seus pensamentos sobre a perda de memória?

É uma boa ideia ser honesto consigo mesmo sobre quais preconceitos você tem em relação à perda de memória que podem estar alimentando qualquer ansiedade ou medo. Liste as pessoas que você viu ou está vendo lutarem contra a perda de memória ou outras mudanças cognitivas. (Incluí um dos medos de Cindy para ajudá-lo a começar.)

Pessoa	Seus pensamentos e sentimentos sobre isso
Vovó Sue	Foi tão triste quando ela não conseguia se lembrar de quem éramos. Minha mãe ficou muito estressada. Não quero ser um fardo para meus filhos, e será tão constrangedor não me lembrar de seus nomes.

Pessoa	Seus pensamentos e sentimentos sobre isso

Ótimo trabalho. Entender seus medos e preconceitos é muito importante enquanto trabalha para melhorar sua memória, pois o medo e o julgamento são barreiras profundas ao desempenho da memória. Quero que você tenha uma boa noção de seus preconceitos sobre perda de memória e demência, a fim de abrir caminho para que se envolva mais plenamente em seu trabalho de melhorar sua memória.

SEU PROBLEMA PESSOAL

Não posso diagnosticar seu problema pessoal a menos que você esteja em minha clínica, então precisaremos de uma abordagem geral. A perda de memória pode ocorrer de várias formas e por diversas causas, sendo as principais doenças como Alzheimer ou Parkinson, lesões na cabeça ou lesões internas causadas por um acidente vascular cerebral (AVC). Problemas também podem surgir devido a disfunções em outros órgãos, como coração, pulmões ou rins. A memória também muda naturalmente com a idade e as circunstâncias da vida, e as pessoas variam muito em seus pontos fortes e fracos.

Tenho uma amiga que se descreve como tendo uma memória terrível, mas não acho que isso seja verdade. Ainda não tive a chance de testar a memória dela, mas ela se descreve como alguém que nunca se lembra do que as pessoas lhe dizem. Em conversas mais aprofundadas, descobri que ela usa muitas estratégias para se lembrar de informações visualmente, desenhando imagens mentais do que as pessoas lhe dizem. Vejo isso como um ponto forte, e duvido que a memória dela seja tão ruim quanto ela pensa, pois ela é muito bem-sucedida, gerenciando muitas responsabilidades. Porém, como ela tem uma visão limitada da memória, esperando se lembrar apenas do que ouve e desconsiderando sua estratégia de visualização, ela passa muito tempo preocupada — desnecessariamente, acredito.

Agora, é um bom momento para fazer um inventário dos problemas específicos que você está tendo com sua memória e outras habilidades cognitivas.

Checklist de queixas da memória

Na lista a seguir, marque todos os sintomas cognitivos que se aplicam a você atualmente. "Início" refere-se a quando você notou o problema pela primeira vez. Você teve isso a vida toda ou é algo novo? Escreva a idade que você tinha quando notou o problema. Não é necessário ser preciso. Há também espaço para você descrever suas experiências. Minha clínica envia este *checklist* a todos os nossos pacientes antes que eles venham para uma avaliação neuropsicológica. Preenchê-lo pode ajudá-lo a se preparar para consultar um neuropsicólogo ou um neurologista. Você pode fazer o *download* deste formulário na página do livro em loja.grupoa.com.br e levar às consultas, caso não queira carregar o livro inteiro.

Sintoma	Início	Descrição (para os marcados)
☐ Problemas com a memória de curto prazo		
☐ Fazer perguntas repetitivas		
☐ Esquecer detalhes de conversas		
☐ Esquecer compromissos		
☐ Perder objetos		
☐ Esquecer de tomar medicamentos		
☐ Problemas para encontrar palavras		
☐ Dificuldade com ortografia, leitura ou escrita		
☐ Problemas com cálculos		
☐ Perder-se em lugares familiares		
☐ Problemas com a atenção		
☐ Distração		
☐ Desorganização		
☐ Problemas com planejamento ou organização		
☐ Dificuldade para concluir tarefas		
☐ Mudanças de personalidade		

Sintomas cognitivos adicionais (mudanças em suas habilidades de pensamento não listadas anteriormente):

_____

_____

_____

_____

_____

_____

_____

_____

_____

Ter um, três ou até cinco ou mais dos sintomas listados não garante que algo terrível esteja acontecendo com seu cérebro. A Alzheimer's Association fornece um guia útil chamado *Know the 10 Signs* ("Conheça os 10 sinais"), que você pode completar no próximo capítulo.

O PROBLEMA DA SOCIEDADE

Estamos enfrentando uma grande crise de saúde pública na maioria dos países industrializados após a Segunda Guerra Mundial. A prevalência de demência, impulsionada em grande parte pela temida doença de Alzheimer, deve triplicar nos próximos 30 anos, a menos que medidas preventivas sejam desenvolvidas (Herbert et al., 2013). Por que isso está acontecendo?

As pessoas estão vivendo mais, mas isso já acontece há muito tempo. A fonte da crise atual é que 10 mil *baby boomers* completam 65 anos todos os dias nos Estados Unidos, uma tendência que vem acontecendo há quase uma década na época da escrita deste livro e deve continuar por quase outra década. E qual é o principal fator de risco para a demência? Ter mais de 65 anos.

O impacto social e econômico dessa crise é alarmante e grave. Os custos projetados para os Estados Unidos em 2050 apenas com a doença de Alzheimer, sem mencionar AVCs e outras demências, devem ultrapassar 1 trilhão de dólares por ano. Os custos com saúde são apenas a ponta do *iceberg*; 85% dos custos da demência vêm de fontes não médicas, incluindo salários perdidos e cuidados pessoais caros (Livingston et al., 2017). A *Lancet Commissions* publicou uma revisão em 2017 que descreveu a demência como "o maior desafio global para a saúde e os cuidados sociais no século XXI" (Livingston et al., 2017, p. 3). (Isso foi relatado antes da pandemia de covid-19, então pode não ser verdade atualmente, mas ainda é um grande problema.)

O PROBLEMA PARA QUALQUER PESSOA COM MAIS DE 25 ANOS

Mesmo que você não tenha demência ou não esteja nem perto disso, pode estar notando os declínios na memória que ocorrem naturalmente com a idade. Para adultos mais jovens, essas mudanças podem ser sutis, e você pode atribuí-las a mudanças no estilo de vida, que são reais, como ter um filho ou a curva de aprendizagem ao começar um novo emprego. À medida que envelhece um pouco mais, essas "desculpas" se tornam um pouco mais difíceis de aceitar. "Por que não consigo aprender a usar esse novo aplicativo? Por que é tão difícil me lembrar do meu novo endereço? Eu costumava ser tão bom nessas coisas." Bem, isso é verdade. Sinto muito dizer. Você provavelmente *era* melhor em lembrar das coisas quando tinha 20 anos. É um fato preocupante.

A triste realidade é que, exceto por algumas habilidades cognitivas — como seu vocabulário e sua sabedoria, que continuam a melhorar ao longo da vida —, *todas as outras habilidades cognitivas atingem o pico por volta dos 25 anos e declinam constantemente a partir daí* (Salthouse, 2009). Sinto muito. É deprimente perceber isso, especialmente se você está travando uma batalha de vontades com um filho adulto jovem que está convencido de que ficou mais inteligente do que você, porque, verdade seja dita, em muitos aspectos ele ficou (ele aprende mais rápido do que você, mas definitivamente não é mais sábio). No entanto, como a maioria das coisas relacionadas à "vida adulta", admitir e aceitar essa realidade "acima dos 25" pode ajudá-lo (1) a interromper qualquer espiral de medo e vergonha em que você possa entrar quando não consegue se lembrar de algo e (2) a assumir o controle do processo, que é o propósito deste livro.

Só porque essas habilidades declinam naturalmente com a idade não significa que não há *nada* que você possa fazer a respeito. Seu cérebro ainda pode se adaptar e melhorar. Isso significa que suas habilidades de memória também podem se adaptar e melhorar. É improvável que você consiga se treinar para vencer seu filho de 15 anos no jogo de "quem pode mandar uma mensagem para o papai comprar mais leite mais rápido". (Vá em frente e terceirize essas coisas. Por que outra razão você teve filhos?) Você pode adotar estratégias para se lembrar das coisas em seu cotidiano de maneira a auxiliá-lo a continuar se destacando na vida, e estou aqui para ajudá-lo a fazer isso.

A NEUROCIÊNCIA OFERECE UMA NOVA FONTE DE ESPERANÇA

Costumávamos pensar que o cérebro adulto era fixo e rígido, mas agora sabemos que isso não é verdade. Há muito mais esperança hoje do que a comunidade neurocientífica poderia oferecer há 20, 15 ou até 10 anos. Agora, temos evidências sólidas que provam que você pode mudar seu cérebro e melhorar suas habilidades cognitivas ao longo de toda a vida.

A esperança pode vir de várias formas. Pode vir na forma de compreensão e compaixão. Também pode vir na forma de soluções. Este guia está repleto de ambas. Muitas soluções são estratégias práticas para melhorar a memória, ao passo que outras são baseadas em atitudes, como desafiar pensamentos e crenças autodestrutivas. Independentemente da gravidade dos seus problemas de memória nesse momento, muita coisa pode mudar em termos de como você enfrenta a vida, de como ganha, mantém e sustenta a independência e, mais importante, de como melhora seu desempenho de memória.

ESPERANÇA MODERADA

O quanto a memória melhora varia de pessoa para pessoa, de lesão para lesão, e assim por diante. Se você experimentou declínios cognitivos moderados a graves, provavelmente terá de moderar algumas expectativas. Pode ser que você não consiga melhorar suas habilidades de memória propriamente ditas. O foco será mais em maneiras de compensar os declínios de memória ou de atenção. Não quero ser excessivamente otimista ao tentar instilar esperança em relação às melhorias de memória; essa reabilitação pode ser realmente difícil. Se a cognição não puder ou não melhorar, outras coisas, como o funcionamento diário, a independência e o humor, podem melhorar. Sua realidade atual não precisa ser sua realidade permanente. Muita coisa pode mudar dependendo de como você reage às circunstâncias, às vezes por meio da função da memória, outras vezes por meio de uma compensação ou de uma mudança de perspectiva.

Todos precisam moderar suas expectativas em algum nível. Cuidado com produtos e programas que afirmam que suas pontuações de memória aumentarão após alguma intervenção ou medicamento, especialmente alegações de que "aumentarão seu QI". As pontuações cognitivas e de QI simplesmente não aumentam dessa forma.

Esperança por meio da visualização

Desenhe uma imagem de si mesmo celebrando o início do seu caminho para uma memória melhor — pode ser tão simples quanto um *emoji* ou tão detalhado quanto você sentado na praia ao pôr do sol ou alcançando a *piñata* na sua festa de esperança. Você pode achar esse exercício bobo, mas, como verá neste livro, a visualização é uma estratégia-chave de memória, então vamos começar com ela. Enquanto estiver nisso, desenhe uma visão de si mesmo com uma memória mais afiada.

Eu celebrando meu início	Eu no futuro com uma memória melhor

ESTE É O LIVRO CERTO PARA MIM?

Qualquer que seja o motivo pelo qual você começou a ler este livro, seja para aprimorar suas habilidades e superar um declínio, seja para afastar o Alzheimer, você veio ao lugar certo. A promessa da neurociência está aqui para ajudá-lo, e estou aqui para fazer o que mais amo, que é ensinar sobre neurociência de uma maneira que espero ser divertida e compreensível.

Por que aprender sobre neurociência? Conhecê-la o ajudará a guiar seus esforços de forma mais eficaz enquanto trabalha para melhorar suas habilidades de memória e mudar sua vida. Ao longo deste livro, ensinarei como a memória funciona no seu cérebro, destacando as várias maneiras pelas quais ela pode falhar, e o guiarei para que coloque as coisas nos trilhos. Compartilharei com você minha esperança para sua memória e o ajudarei a entender as realidades do seu cérebro, bem como as inovações dos últimos 20 anos que, como nunca antes, expandiram o otimismo para melhorias na memória. Meu objetivo é ajudá-lo a usar essas informações como um guia e um motivador enquanto você pratica novos comportamentos comprovados para melhorar a memória na vida cotidiana.

Acredito que este livro é útil para qualquer pessoa que deseje melhorar sua memória. Dito isso, pretendo alcançar particularmente quatro grupos principais de pessoas. Estes são os grupos com os quais minha equipe e eu trabalhamos diariamente. Eles incluem:

1. Adultos ou adolescentes que experimentaram um declínio repentino e/ou drástico nas habilidades cognitivas devido a uma doença ou lesão, incluindo concussão, traumatismo cranioencefálico, AVC ou demência.
2. Adultos que notam mudanças lentas em seu raciocínio e temem que estejam começando no caminho para a demência.
3. Pessoas com uma vida complicada, muitas vezes com empregos de alta responsabilidade e/ou situações familiares exigentes, que sentem que seu cérebro poderia funcionar de forma mais eficaz, mas que também se sentem frustradas e, portanto, querem técnicas comprovadas para alcançar isso.
4. Pessoas que entram em pânico quase toda vez que se esquecem de algo, mas foram informadas de que não parece haver nenhuma razão médica para apoiar suas preocupações.

Pessoas de todas as idades, em todas as quatro categorias, aparecem em meu consultório. Em geral, aqueles com mais de 50 anos estão convencidos de que estão desenvolvendo demência; aqueles com menos de 50 anos muitas vezes experimentaram uma concussão ou temem ter transtorno de déficit de atenção/hiperatividade (TDAH). Qualquer que seja o motivo pelo qual pegou este livro, acredito que você está no lugar certo. Meu objetivo é ajudá-lo a entender seu cérebro para que possa guiar melhor sua função, independentemente do que esteja acontecendo.

Agora que sabe que este é o livro certo para você e sabe como usá-lo, vamos começar.

2
POR QUE AS PESSOAS TÊM PROBLEMAS DE MEMÓRIA

É evidente que você deseja mais de sua memória, então vamos investigar por que pode estar enfrentando dificuldades. Neste capítulo, você aprenderá que nem todos os caminhos levam ao asilo. Começarei ajudando-o a compreender as diversas causas da perda de memória e, em seguida, descreverei algumas categorias amplas nas quais se enquadram as pessoas com queixas de memória.

O capítulo está repleto de autoavaliações para ajudá-lo a entender melhor seus desafios de memória e a focar nas possíveis discussões que poderá ter com seu médico. Você também praticará sua primeira habilidade de memória.

SEJA MAIS PRECISO SOBRE SUA MEMÓRIA

A memória é afetada por inúmeros fatores físicos, emocionais e comportamentais. A maioria deles é benigna e pode ser abordada. Meu objetivo é provar (por meio da neurociência) que é possível ter dificuldades de memória por várias razões, não porque você seja estúpido ou esteja em meio a uma demência profunda. Enfatizo isso porque sei com que frequência as pessoas chegam a essas conclusões; eu ouço esses temores diariamente.

Meu objetivo é eliminar a frase "minha memória é péssima" de seu vocabulário e substituí-la por algo mais preciso, como (1) "Não prestei atenção suficiente ao que você disse", (2) "Estou me sentindo muito ansioso agora e não consigo me concentrar" ou (3) "Meu médico diz que a parte do meu cérebro responsável pela recuperação da memória está comprometida. Ainda posso aprender coisas; só preciso fazer algumas anotações para consultar depois".

O QUE CAUSA PROBLEMAS DE MEMÓRIA?

Muitas coisas causam problemas de memória. Se fôssemos discutir todas as causas da perda de memória, levaríamos cerca de três a quatro anos. Neurologistas e neuropsicólogos passam anos estudando essas causas para poder dizer o que está afetando sua memória individual. Não posso dizer o que está causando seus problemas de memória, mas posso fornecer uma visão geral das causas comuns da perda de memória. O *checklist* a seguir o ajudará a ter uma noção das muitas coisas que podem afetar a memória enquanto você começa a avaliar o que pode estar na raiz de seus desafios pessoais.

NEM SEMPRE É DEMÊNCIA

Não é preciso pensar na lista a seguir como "causas de demência", mas como "coisas que podem afetar a memória". "Demência", ou o que agora chamamos de "transtorno neurocognitivo maior" (TNC maior), é definida como um declínio significativo em pelo menos uma habilidade cognitiva (que inclui memória, atenção, funções executivas, que são habilidades como planejamento e organização, linguagem, habilidades visuais e espaciais — basicamente, como seu cérebro processa informações visuais —, e habilidades sociais, incluindo empatia e personalidade) que é pior do que o que ocorre com o envelhecimento normal, impede sua independência, não é temporário (como uma deficiência vitamínica ou *delirium*) e não é causado por outro transtorno mental, como depressão (American Psychiatric Association, 2013). A diferença entre demência e doença de Alzheimer é que a demência é a síndrome de perda de habilidades cognitivas (os sintomas) que acabei de descrever, não uma doença. Alzheimer é uma doença que se desenvolve no cérebro e causa a síndrome de demência. Muitas outras coisas causam demência ou TNC maior, como AVC, lesão cerebral traumática e doença de Parkinson.

Existem muitas condições além da temida doença de Alzheimer progressiva que causam mudanças na memória, e a maioria delas tem um prognóstico melhor. Desconfie de programas que se vangloriam da capacidade de "reverter a doença de Alzheimer", pois, até a redação deste livro, ainda não podemos fazer isso. As histórias de sucesso alardeadas nesses programas geralmente envolvem a correção de um desequilíbrio químico ou uma deficiência vitamínica que nunca teríamos chamado de demência ou de Alzheimer. Elaborarei algumas dessas categorias mais adiante. Enquanto isso, dedique algum tempo para avaliar seu histórico pessoal no *checklist* a seguir para ter uma melhor noção sobre seus fatores de risco para a perda de memória.

Checklist de causas comuns de queixas de memória

(Você pode fazer o download *deste checklist na página do livro em loja.grupoa.com.br caso queira tê-lo à mão para levar ao seu médico em algum momento.)*

Doenças cerebrais (em geral, você não saberá que tem a maioria delas, a não ser que um neurologista tenha lhe dito):

- ☐ Doença de Alzheimer
- ☐ Doença de Parkinson
- ☐ Doença de Huntington
- ☐ Demência com corpos de Lewy
- ☐ Demência frontotemporal
- ☐ Doença de Pick

Infecções:

- ☐ Encefalite (infecção no cérebro por vírus ou bactérias)
- ☐ Meningite (infecção nas membranas que recobrem o cérebro e a medula espinal)
- ☐ Vírus da imunodeficiência humana (HIV)
- ☐ Doença de Creutzfeldt-Jakob (forma humana da doença da vaca louca)

Lesões:

- ☐ Traumatismo cranioencefálico com perda de consciência
- ☐ Concussão (mesmo sem perda de consciência, mas com sintomas como dor de cabeça, tontura, visão dupla, fadiga, confusão mental, irritabilidade, etc.)
- ☐ Cirurgia cerebral
- ☐ Acidente vascular cerebral (AVC) (sangramento ou bloqueio da circulação do sangue no cérebro)
- ☐ Ataque isquêmico transitório (AIT)
- ☐ Anóxia ou hipóxia (privação de oxigênio, causada por ataque cardíaco, envenenamento por monóxido de carbono, etc.)

Danos químicos ou por substâncias:

- ☐ Uso prolongado de álcool
- ☐ Uso prolongado de certos ansiolíticos ou hipnóticos
- ☐ Intoxicação por metais pesados (p. ex., chumbo, mercúrio)
- ☐ Exposição prolongada a solventes industriais

Condições cardíacas:

- ☐ Doença cardíaca
- ☐ Infarto agudo do miocárdio
- ☐ Insuficiência cardíaca congestiva
- ☐ Fibrilação atrial (FA)
- ☐ Disfunção das válvulas cardíacas
- ☐ Cirurgia de revascularização do miocárdio
- ☐ Trombose
- ☐ Doença arterial periférica

Condições pulmonares:

- ☐ Doença pulmonar obstrutiva crônica (DPOC)
- ☐ Asma
- ☐ Câncer de pulmão

Outras condições orgânicas:

- ☐ Doença renal
- ☐ Dano hepático

Perda sensorial:

- ☐ Perda auditiva não corrigida
- ☐ Perda visual não corrigida
- ☐ Degeneração macular
- ☐ Catarata

Delirium (declínio temporário do estado mental por causa física):

- ☐ Toxicidade medicamentosa
- ☐ Infecção do trato urinário em idosos
- ☐ Confusão mental pós-anestesia
- ☐ Sepse
- ☐ Desequilíbrio eletrolítico ou desidratação grave

Doenças crônicas:

- ☐ Diabetes
- ☐ Insuficiência cardíaca congestiva
- ☐ Hipertensão arterial

Alterações mecânicas cerebrais:

☐ Epilepsia
☐ Hidrocefalia de pressão normal

Doenças autoimunes:

☐ Esclerose múltipla
☐ Lúpus
☐ Sarcoidose
☐ Tireoidite de Hashimoto/encefalopatia límbica autoimune
☐ Disfunção tireoidiana

Câncer:

☐ Tumores cerebrais
☐ Fadiga e toxicidade por quimioterapia e radioterapia
☐ Doença cerebral relacionada a câncer em outras partes do corpo

Deficiências vitamínicas:

☐ Vitamina B12
☐ Tiamina
☐ Ômega 3 e antioxidantes

Medicamentos e outras substâncias:

☐ Corticosteroides (p. ex., prednisona)
☐ Betabloqueadores
☐ Benzodiazepínicos (p. ex., alprazolam, clonazepam)
☐ Anti-histamínicos sedativos (p. ex., difenidramina)
☐ Medicamentos para dormir de venda livre
☐ Antipsicóticos (p. ex., quetiapina, aripiprazol, haloperidol, risperidona, clorpromazina)
☐ Medicamentos anticolinérgicos
☐ Alguns medicamentos para transtorno bipolar e epilepsia
☐ Opioides
☐ Maconha/tetrahidrocanabinol (THC)
☐ Álcool

Fadiga:
- ☐ Apneia do sono
- ☐ Distúrbios do sono
- ☐ Insônia
- ☐ Transtorno de movimento periódico dos membros (TMPM)
- ☐ Síndrome das pernas inquietas
- ☐ Vida, estresse, crianças pequenas, e assim por diante
- ☐ Fadiga crônica/vírus Epstein-Barr

Condições emocionais:
- ☐ Ansiedade
- ☐ Trauma
- ☐ Depressão
- ☐ Sobrecarga emocional
- ☐ Congelamento (ficar imobilizado pelo estresse, sentindo-se fraco ou prestes a desmaiar)
- ☐ Dissociação (desligar-se mentalmente; perder a noção de tempo e espaço)
- ☐ Psicose (ouvir vozes, paranoia, etc.)

Crenças limitantes:
- ☐ Acreditar que sua memória é ruim pode se tornar uma profecia autorrealizável (seu desempenho piora, ainda que a memória não esteja organicamente comprometida)

É uma lista bastante extensa, não é mesmo? Você marcou algum desses itens? Se você tem alguma das condições físicas, médicas ou emocionais listadas e elas não estão bem controladas com o auxílio de um médico ou de um terapeuta, recomendo fortemente que busque apoio profissional. Não adie essa decisão. Como você aprenderá mais adiante, muitas dessas condições físicas, médicas e emocionais causam queixas de memória no presente e são fatores de risco para demência no futuro. Assim, mesmo que você não considere o impacto sério nesse momento, isso pode representar um grande problema mais tarde.

A boa notícia é que a maioria, se não todas, dessas condições é tratável. Quando tratadas, o impacto no cérebro e na memória pode ser consideravelmente reduzido. Atualmente, a maioria dos médicos está atenta à saúde cerebral, trabalhando com os pacientes tendo em mente essa questão em longo prazo.

QUATRO PRINCIPAIS TIPOS DE PROBLEMAS DE MEMÓRIA

Muitas pessoas acreditam que toda forma de perda de memória é progressiva, ou seja, que piorará com o tempo. Talvez isso se deva à alta prevalência da doença de Alzheimer, que é progressiva. A verdade é que as demências progressivas são apenas um tipo de perda de memória. Muitas outras causas de perda de memória têm um trajeto positivo, o que significa que esperamos que as pessoas melhorem com o tempo, e não que piorem.

Gostaria que você pensasse nos problemas de memória em quatro categorias principais: (1) condições progressivas, como a doença de Alzheimer, cujo curso em longo prazo é descendente; (2) declínios estáticos que ocorrem após um AVC ou lesão cerebral, em que a perda de memória inicial é a mais grave, mas as habilidades melhoram com o tempo; (3) o que chamo de "ansiedade, trauma e crenças falsas", o que requer alguma explicação, então continue lendo; e (4) condições de saúde e padrões de estilo de vida que embotam suas habilidades.

1. Condições progressivas

Vamos ser realistas. A maior e mais assustadora realidade potencial para a maioria das pessoas é desenvolver ou já ter uma demência progressiva, como a doença de Alzheimer. Conheço pessoas que se preocupam com isso em praticamente todas as fases da vida adulta, mas o medo definitivamente se intensifica à medida que envelhecem. Não culpo você por estar preocupado, em especial se estiver se aproximando dos 65 anos, ou talvez já tenha passado dessa idade. A doença de Alzheimer é a forma mais comum de demência, e o maior fator de risco para ela é ter mais de 65 anos. No entanto, isso não significa que só porque você tem mais de 65 anos *desenvolverá* a doença de Alzheimer.

Para ter uma melhor noção de se você está enfrentando algo progressivo como a doença de Alzheimer, a Alzheimer's Association (2009) tem um *checklist* útil chamado "Conheça os 10 sinais". Esse formulário é um bom lugar para registrar todas as suas preocupações, e, além disso, você pode levá-lo às consultas médicas. Dessa forma, você terá registrado suas preocupações com antecedência e estará preparado para discuti-las. Se descobrir que tem sintomas da lista, recomendo que ligue para seu médico. *(Você pode acessar o formulário na página do livro em loja.grupoa.com.br.)*

Conheça os 10 sinais: a detecção precoce é importante

VOCÊ NOTOU ALGUM DESTES SINAIS DE ALERTA?

Por favor, liste quaisquer preocupações que você tenha e leve este formulário com você ao médico.

Nota: esta lista é apenas para informação e não substitui uma consulta com um profissional qualificado.

☐ **1. Perda de memória que interfere na vida diária**. Um dos sinais mais comuns da doença de Alzheimer, especialmente no estágio inicial, é esquecer informações recentemente aprendidas. Outros sinais incluem esquecer datas ou eventos importantes, solicitar as mesmas informações repetidamente e depender cada vez mais de lembretes (p. ex., notas ou dispositivos eletrônicos) ou de familiares para coisas que costumavam ser feitas por conta própria.
O que é uma mudança típica relacionada à idade? Às vezes, esquecer nomes ou compromissos, mas lembrar deles mais tarde.

_____
_____
_____
_____

☐ **2. Desafios no planejamento ou na resolução de problemas**. Algumas pessoas podem experimentar mudanças na capacidade de desenvolver e seguir um plano ou trabalhar com números. Elas podem ter dificuldade em seguir uma receita conhecida ou acompanhar contas mensais. Podem ter dificuldade de concentração e levar muito mais tempo para fazer as coisas do que antes.
O que é uma mudança típica relacionada à idade? Cometer erros ocasionais ao conciliar o extrato bancário.

_____
_____
_____
_____

☐ **3. Dificuldade em completar tarefas familiares em casa, no trabalho ou no lazer**. Pessoas com doença de Alzheimer frequentemente acham difícil completar tarefas diárias. Às vezes, podem ter problemas para dirigir até um local familiar, gerenciar um orçamento no trabalho ou se lembrar das regras de um jogo favorito. *O que é uma mudança típica relacionada à idade?* Ocasionalmente, precisar de ajuda para usar as configurações do micro-ondas ou para gravar um programa de TV.

_____
_____
_____

☐ **4. Confusão com tempo ou lugar**. Pessoas com Alzheimer podem perder a noção de datas, estações e da passagem do tempo. Podem ter dificuldade em entender algo se não estiver acontecendo imediatamente. Às vezes, podem esquecer onde estão ou como chegaram lá.
O que é uma mudança típica relacionada à idade? Ficar confuso sobre o dia da semana, mas lembrar mais tarde.

_____
_____
_____

☐ **5. Problemas para entender imagens visuais e relações espaciais**. Para algumas pessoas, ter problemas de visão é um sinal de Alzheimer. Elas podem ter dificuldade para ler, julgar distâncias e determinar cor ou contraste, o que pode causar problemas ao dirigir.
O que é uma mudança típica relacionada à idade? Mudanças na visão relacionadas à catarata.

_____
_____
_____

☐ **6. Novos problemas com palavras ao falar ou escrever**. Pessoas com Alzheimer podem ter problemas para seguir ou participar de uma conversa. Elas podem parar no meio de um diálogo e não ter ideia de como continuar ou podem se repetir. Podem lutar com vocabulário, ter problemas para encontrar a palavra certa ou chamar as coisas pelo nome errado (p. ex., chamar um "garfo" de "colher").
O que é uma mudança típica relacionada à idade? Às vezes, ter dificuldade para encontrar a palavra certa.

_____
_____
_____
_____

☐ **7. Perder coisas e a capacidade de refazer os passos**. Uma pessoa com Alzheimer pode colocar objetos em lugares incomuns. Pode perder coisas e não conseguir voltar sobre seus passos para encontrá-las novamente. Às vezes, pode acusar os outros de roubo. Isso pode ocorrer com mais frequência ao longo do tempo.
O que é uma mudança típica relacionada à idade? Perder objetos de vez em quando e refazer os passos para encontrá-los.

_____
_____
_____
_____

☐ **8. Julgamento diminuído ou ruim**. Pessoas com Alzheimer podem experimentar mudanças no julgamento ou na tomada de decisões. Por exemplo, podem usar um julgamento ruim ao lidar com dinheiro, dando grandes quantias para abordagens por telefone ou internet. Podem prestar menos atenção à higiene pessoal ou à manutenção da limpeza.
O que é uma mudança típica relacionada à idade? Tomar uma decisão ruim de vez em quando.

_____
_____
_____
_____

☐ **9. Afastamento do trabalho ou das atividades sociais**. Uma pessoa com Alzheimer pode começar a se afastar de *hobbies*, atividades sociais, projetos de trabalho ou esportes. Pode ter problemas para acompanhar seu time do coração ou se lembrar de como completar um passatempo favorito. Pode também evitar socializar devido às mudanças que experimentou.
O que é uma mudança típica relacionada à idade? Às vezes, sentir-se cansado do trabalho, da família e das obrigações sociais.

☐ **10. Mudanças de humor e de personalidade**. O humor e a personalidade das pessoas com Alzheimer podem mudar. Elas podem se tornar confusas, desconfiadas, deprimidas, medrosas ou ansiosas. Podem se irritar facilmente em casa, no trabalho, com amigos ou em lugares fora de sua zona de conforto.
O que é uma mudança típica relacionada à idade? Desenvolver maneiras muito específicas de fazer as coisas e ficar irritado quando uma rotina é interrompida.

Se você ou alguém de quem você gosta está apresentando algum dos 10 sinais de alerta da doença de Alzheimer, consulte um médico. O diagnóstico precoce oferece a chance de buscar tratamento e planejar o futuro. A Alzheimer's Association pode ajudar.* Visite http://alz.org/10signs ou ligue para 800-272-3900 (TTY: 866-403-3073).

Esta é uma publicação oficial da Alzheimer's Association, mas pode ser distribuída por organizações ou indivíduos não afiliados. Tal distribuição não constitui um endosso dessas partes ou de suas atividades pela Alzheimer's Association.

© 2009 Alzheimer's Association. Todos os direitos reservados. Rev. July16 TS-0066.

---

* N. de R. T. No Brasil, a Associação Brasileira de Alzheimer oferece apoio social e promove ações em todo o país. Mais informações estão disponíveis em: https://abraz.org.br.

2. Declínios estáticos após um acidente vascular cerebral ou uma lesão cerebral

Danos cerebrais causados por pancadas na cabeça, AVC ou ataque cardíaco não são bons, mas quero dissipar uma crença falsa comumente mantida sobre essas condições. Observe que vou me referir a essa categoria como "lesão", mas saiba que estou usando esse termo de forma inclusiva para outros danos decorrentes de AVC, anóxia (falta de oxigênio no cérebro por um período), esclerose múltipla remitente (em oposição às formas progressivas da doença, os tipos remitentes envolvem apenas um ou poucos "surtos" que danificam o tecido nervoso e depois cessam), entre outros.

Muitas pessoas se limitam após uma lesão estática por acreditarem que iniciaram uma demência progressiva e que seu funcionamento está fadado a piorar com o tempo. Fixe firmemente em sua mente: *o oposto é mais provável de ser verdadeiro*. Em geral, o primeiro dia é o pior. Com o tempo, você pode esperar que suas habilidades cognitivas continuem melhorando. Embora a maior parte da recuperação ocorra nos primeiros 12 a 24 meses, há agora muitas evidências mostrando que as pessoas continuam melhorando 5 e até 10 anos após uma lesão. A reabilitação não é passiva nem fácil. Essas pessoas trabalham arduamente para recuperar habilidades, mas, por meio da neuroplasticidade e do esforço ativo, elas continuam melhorando. Portanto, o curso geral de recuperação após uma lesão é *ascendente*. Não se espera um declínio.

Conheci muitas pessoas que sofreram uma ou duas concussões leves e se preocuparam excessivamente pensando que estavam desenvolvendo a temida encefalopatia traumática crônica (ETC), encontrada no cérebro de tantos jogadores de futebol americano. O fato é que ainda não sabemos muito sobre a ETC, e a maioria de nós não é um jogador de futebol americano. A ciência sobre a ETC ainda está em sua infância, no nível de estudos de casos (Asken et al., 2017). Até a redação deste livro, nenhum estudo acompanhou pessoas ao longo do tempo para mapear o curso da ETC, portanto, nenhuma síndrome clínica pode ser verdadeiramente identificada. Tenha cuidado com reportagens que afirmam que certos comportamentos, como assassinato, foram "causados pela ETC". Simplesmente não temos base científica para apoiar essas afirmações. Lesões cerebrais podem reduzir sua reserva cerebral e cognitiva (descrita no próximo capítulo), aumentando o risco de demência no futuro, mas muitas outras coisas também fazem isso. Por favor, não entre em pânico e presuma que sua concussão o colocou na assustadora espiral da demência, pois, como você verá na próxima seção, suas crenças sobre seu cérebro são muito importantes.

No entanto, se você não corrigir o problema subjacente que causou a lesão em primeiro lugar, poderá estar a caminho de algo mais progressivo. Continuar expondo seu cérebro ao risco de mais concussões não ajuda. Ter um AVC aumenta seu risco de ter outro, especialmente se a causa subjacente — como pressão alta, um problema na válvula cardíaca ou um distúrbio de coagulação — não for tratada de maneira eficaz.

Estático ou progressivo? Qual dos dois?

Algumas condições podem seguir qualquer um dos caminhos. Por exemplo, a esclerose múltipla é um distúrbio autoimune que danifica a substância branca (o isolamento das vias nervosas) no cérebro e outras partes do sistema nervoso, interrompendo a sinalização elétrica das células nervosas em todo o corpo, no cérebro e na medula espinal. Isso é importante porque esses sinais elétricos são a forma como os neurônios se comunicam entre si. No entanto, existem diferentes tipos de esclerose múltipla, então, em alguns casos, o dano ocorre apenas uma vez ou algumas vezes e se interrompe, entra em remissão ou pode ser progressivo. Isso também vale para a epilepsia. Cada convulsão tem o potencial de danificar algumas células cerebrais, mas se as convulsões estiverem controladas, o potencial de danos contínuos é reduzido.

Checklist de lesões estáticas comuns e fatores de risco

Marque todas as opções que se aplicam a você.

Lesões estáticas comuns:
- ☐ Acidente vascular cerebral (AVC)
- ☐ Ataque isquêmico transitório (AIT), um mini-AVC com sintomas neurológicos que se resolvem espontaneamente em até 24 horas
- ☐ Traumatismo cranioencefálico
- ☐ Concussão ou traumatismo cranioencefálico leve
- ☐ Lesão por explosão (estar próximo a uma explosão)
- ☐ Ferimento por arma de fogo
- ☐ Insuficiência cardíaca
- ☐ Intoxicação por monóxido de carbono
- ☐ Cirurgia cerebral
- ☐ Infecção cerebral por encefalite ou encefalopatia
- ☐ Resposta autoimune, como esclerose múltipla, sarcoidose e lúpus

Fatores de risco:
- ☐ Convulsões
- ☐ Doença cardíaca

- ☐ Doença arterial periférica (DAP, coágulos sanguíneos que geralmente se formam nas pernas)
- ☐ Fibrilação atrial (FA)
- ☐ Arteriosclerose (endurecimento das artérias)
- ☐ Diabetes
- ☐ Hipertensão arterial

3. Ansiedade, trauma e crenças falsas

Um grande benefício de realizar uma avaliação neuropsicológica é ter um psicólogo determinando objetivamente se sua memória é tão ruim quanto você pensa. Você pode descobrir com um neuropsicólogo que está se preocupando à toa; e isso, por si só, pode atrapalhar sua memória. Neuropsicólogos veem muitas pessoas que estão sofrendo e preocupadas com sua memória quando ela não é a raiz do problema. Um neuropsicólogo pode dizer se suas queixas de memória são resultado de ansiedade, depressão, trauma psicológico, insegurança ou até mesmo crenças falsas. Profecias autorrealizáveis são muito reais e muito poderosas. Se você acredita que sua memória é péssima, ela tende a falhar.

Vejo o impacto dessas crenças falsas *com frequência* em minha clínica, pois é um dos pilares sobre os quais construí minha prática. Tratamos pessoas (encaminhadas por outros neuropsicólogos) para ajudá-las a desenvolver uma melhor relação com suas emoções e sua memória.

Também vemos pessoas que sofreram concussões relativamente leves, em que é improvável que as células cerebrais tenham sido permanentemente danificadas, mas, com o tempo, esses pacientes não se recuperam como esperado. Para muitos, é provável que o cérebro tenha se recuperado, mas a experiência de ter passado por um período em que ele não funcionava tão bem faz com que se tornem hipervigilantes a qualquer sinal potencial de dano em longo prazo.

Independentemente da razão, o que mais ouço de pessoas preocupadas com seu cérebro é uma dose pesada de autocrítica. Elas têm medo de parecer burras, então se preocupam muito com sua memória. Essa preocupação, por sua vez, afeta a memória. Pode ser desafiador ajudar as pessoas a entenderem que, na verdade, é a preocupação e os sintomas físicos associados à ansiedade que estão causando suas falhas de memória. Muitas vezes, as pessoas são defensivas em relação às suas emoções. Muitas prefeririam ter algo errado com o cérebro do que admitir que estão com dificuldades emocionais ou tendo problemas de relacionamento.

A boa notícia é que as emoções estão ganhando mais reconhecimento. Estamos entendendo cada vez mais sua utilidade. Melhorar sua inteligência emocional pode melhorar significativamente sua memória, e está se tornando cada vez mais comum melhorar as inteligências social e emocional.

O que são crenças falsas?

Crenças falsas são crenças que as pessoas têm sobre sua memória que não são baseadas em fatos. Elas são frequentemente baseadas no medo, e muitas vêm da mídia, como a crença de que ter uma ou duas concussões é uma sentença de morte. Pense em suas crenças políticas ou religiosas fortemente arraigadas. Quão aberto você está para considerar o outro lado? Esses tipos de crenças firmemente mantidas são difíceis de desafiar, mas fazer isso é essencial em muitos casos, especialmente quando você as utiliza para limitar seu potencial.

Embora seja verdade que a memória declina com a idade, tenha cuidado ao ver o passado de uma forma excessivamente positiva. Muitas pessoas com mais de 40 anos não lembram que também esqueciam coisas na casa dos 20. Então, agora, quando notam um dos milhares ou possivelmente milhões de erros de memória que nosso cérebro comete naturalmente todos os dias, elas se preocupam. Havia muito esquecimento naquela época, mas as falhas não tinham tanto significado quanto têm agora. Você tinha menos falhas naquela época, mas sua memória nunca foi perfeita. Sabemos disso a partir de mais de 40 anos de pesquisa (Loftus, 2005). Vamos todos dizer juntos: "A memória não é perfeita". O testemunho ocular é frequentemente superado por evidências forenses porque a memória é muito imperfeita (e eu deveria saber; assisto a muitos episódios de *Forensic Files*).

Autoavaliação: preocupação com seu cérebro

Você se preocupa com sua memória mais do que outras pessoas acham necessário?	S / N
Você tem medo de parecer tolo?	S / N
Você critica a si mesmo ou a sua memória?	S / N
Você sente sintomas físicos de ansiedade, como um aperto no estômago ou um vazio na cabeça, quando não consegue se lembrar de algo?	S / N
Alguém já disse que você tende a se autocriticar?	S / N
Você evita coisas que teme que possam provar definitivamente que você não é bom ou suficientemente inteligente?	S / N
Você evita atividades que o lembrem de seus desafios de memória ou de concentração, como ler?	S / N
Quando não consegue encontrar a palavra que deseja, às vezes você tem lampejos de ideias ou imagens catastróficas, como ser levado para um asilo?	S / N

Se você respondeu sim a qualquer uma dessas perguntas, então a preocupação pode ser uma grande fonte da sua dificuldade. Ainda recomendo a avaliação por um neuropsicólogo a fim de garantir que não haja algo mais sério acontecendo, mas, em qualquer caso, quero que preste atenção especial aos componentes emocionais deste livro.

VAMOS NOS APROFUNDAR AINDA MAIS

O que significaria para você saber que sua memória não é aguçada? O que poderia acontecer se você descobrisse que não é tão inteligente quanto pensava? Não se censure; tente realmente capturar todos os pensamentos, mesmo que pareçam um pouco estranhos ou que você não acredite neles quando os diz em voz alta; todos importam.

Cindy escreveu: Significaria que as pessoas vão se aproveitar de mim porque não sou inteligente o suficiente para cuidar de mim mesma. Eu ficaria muito envergonhada também. Minha família sempre valorizou muito ser inteligente; eu me sentiria imprestável.

4. Condições de saúde e padrões de estilo de vida que embotam suas habilidades

Como você provavelmente percebeu pelo longo *checklist* no início deste capítulo, há muitos fatores químicos, de saúde e de estilo de vida que podem afetar sua memória. As sete habilidades apresentadas na Parte II são dedicadas a ajudá-lo a modificar muitos desses fatores. Portanto, não entrarei em muitos detalhes agora, basta dizer que perder o sono, beber muito, comer muitos doces, tomar remédios para dormir, estar sobrecarregado e desorganizado, não se sentir importante e nunca se exercitar podem ter um grande impacto em sua memória.

Vamos fazer uma pausa

Apresentei muitas informações novas, então gostaria que você anotasse alguns de seus sentimentos até agora.

Cindy escreveu: *Estou um pouco assustada e um pouco irritada por não saber várias dessas coisas antes. Também estou me sentindo animada, mas com medo. E se eu não conseguir fazer essas coisas que ela está recomendando?*

Seus sentimentos: _____

_____

_____

Você se sente melhor ou pior sabendo que existem diferentes fontes de perda de memória? Quais são alguns de seus pensamentos sobre isso?

_____

_____

_____

_____

As autoavaliações foram úteis? Você se encaixa em uma das categorias? Isso lhe surpreendeu? Por exemplo, parece que você tem crenças falsas, mas isso parece avassalador e você não gosta? Ou você está ainda mais convencido agora de que tem um declínio progressivo e está apavorado? Registre seus pensamentos aqui.

_____

_____

_____

_____

SUA PRIMEIRA ESTRATÉGIA DE MEMÓRIA: PRESTE ATENÇÃO

Sei que o subtítulo deste livro promete sete habilidades para construir uma memória melhor, mas, na verdade, existem muito mais do que sete habilidades para melhorar a memória. Sinto que, se eu lhe der apenas sete, estarei enganando você. Agora, quero ensinar-lhe outra estratégia de memória que você pode praticar ao longo do caminho.

Sua primeira estratégia é desenvolver outra habilidade cognitiva que é uma porta de entrada essencial para sua memória. *Sua memória é tão boa quanto sua atenção.* Você não pode esperar se lembrar de algo a que não prestou atenção, certo? Não é justo esperar que você se lembre de algo que nunca captou porque estava distraído. Então, o primeiro passo para construir uma memória melhor é começar a construir um foco melhor.

A atenção é uma habilidade vulnerável a muitas forças externas e internas. Ela é afetada por distrações, interrupções, tédio, superestimulação, excesso de complexidade, multitarefa, falta de motivação, cansaço — você escolhe. É também a primeira habilidade que é mais influenciada por coisas que acontecem no corpo, como fadiga crônica, dor crônica, baixa saturação de oxigênio, bem como estados emocionais como ansiedade, depressão e excitação.

Quais são algumas coisas que bloqueiam sua atenção?

Cindy escreveu: Ah, então talvez a razão pela qual eu esteja tendo tantos problemas seja porque fiquei acordada até muito tarde ontem à noite, ou talvez tenha sido aquela terceira dose de bebida. E se for meu nível de estresse? Eu costumo estar muito dentro da minha cabeça.

1. _____
2. _____
3. _____
4. _____
5. _____
6. _____
7. _____
8. _____
9. _____
10. _____

Checklist de ideias para melhorar a atenção

A seguir está uma lista de recomendações comuns para melhorar a atenção. Marque as que você gostaria de implementar. *(Você também pode fazer o* download *deste exercício na página do livro em loja.grupoa.com.br.)*

☐ Preste atenção intencionalmente
☐ Prepare-se para prestar atenção
☐ Conserve energia
☐ Elimine distrações
☐ Limite interrupções
☐ Durma mais
☐ Durma melhor
☐ Limpe a desordem mental
☐ Medite
☐ Procure melhorar o autocuidado
☐ Movimente-se para aumentar a energia
☐ Acelere
☐ Diminua o ritmo
☐ "Invista" na atenção — como dinheiro, realmente invista nessa habilidade; dedique um esforço ativo
☐ Recompense-se por prestar atenção ou manter-se na tarefa
☐ Converse consigo mesmo para manter-se na tarefa
☐ Ouça ativamente
☐ Simplifique as coisas
☐ Faça pausas
☐ Estabeleça um ritmo
☐ Dê mais tempo
☐ Dê menos tempo (estabeleça um prazo)
☐ Peça e receba ajuda

Defina sua intenção de atenção

Agora, defina sua intenção de atenção. Da lista anterior, escolha duas das estratégias que você marcou e deseja trabalhar nelas. Escreva-as nos espaços a seguir.

1. **Identifique o que é mais fácil de implementar.**

Qual item da lista parece um "passo sem grandes dificuldades"? Escolha algo que você não acha que será tão desafiador de implementar e que pode até mesmo trazer o maior retorno sobre seu investimento. Em seguida, determine um plano para implementá-lo.

Passo sem grandes dificuldades de Cindy: Prestar atenção intencionalmente

Estratégia de implementação de Cindy: Vou olhar diretamente nos olhos das pessoas quando elas estiverem falando comigo e não tocar no meu telefone.

Seu passo sem grandes dificuldades: _____

Sua estratégia de implementação: _____

_____

_____

2. **Agora desafie-se um pouco**

Escolha uma estratégia que demandará mais esforço. Isso pode exigir que você seja mais assertivo (pedindo às pessoas que façam silêncio ou lhe deem espaço) ou pode exigir concentração extra (parar de fazer multitarefas ou interromper o diálogo interno).

Meta de Cindy: Fazer meus filhos saírem da sala quando eu precisar me concentrar.

Estratégia de implementação de Cindy: Vou me sentar com eles e explicar por que isso é importante para mim.

Sua meta: _____

Sua estratégia de implementação: _____

_____

_____

3

MEMÓRIA NO CÉREBRO

Neste capítulo, você aprenderá que diferentes sistemas cerebrais são responsáveis por diferentes tipos de memória. Espero que isso o ajude a compreender que a memória não é uma habilidade singular localizada em apenas uma parte do cérebro, mas um conjunto de habilidades distribuídas pelo cérebro. Além disso, uma boa memória depende de outras habilidades cognitivas, como prestar atenção e ser organizado, que, por sua vez, dependem de ainda mais estruturas cerebrais. Ao aprender a respeitar, acolher e treinar alguns componentes cerebrais, você construirá uma memória melhor.

Tentei tornar compreensíveis as seções sobre o cérebro a seguir, mas você pode achar algumas partes bastante técnicas. Incluí muitos detalhes propositalmente, seguindo a abordagem neurocientífica. Para apoiá-lo com tudo isso, incorporei uma estratégia de memória projetada para ajudá-lo a refinar e depois digerir as partes mais importantes para você.

ROIR: UM TRATAMENTO DE CODIFICAÇÃO DE MEMÓRIA BASEADO EM EVIDÊNCIAS

Quero ensinar-lhe uma técnica que, quando usada como parte de um programa de reabilitação mais amplo, mostrou-se eficaz na melhoria da memória em pessoas com declínios de memória leves a moderados (Stringer, 2007b). Ela vem de um programa chamado Reabilitação Neurológica da Memória Ecologicamente Orientada (EON-MEM, do inglês *Ecologically Oriented Neurorehabilitation of Memory*), desenvolvido por Anthony Stringer (2007a), um neuropsicólogo da Emory University. Profissionais da saúde mental e da área de reabilitação podem comprar os livros de exercícios do programa EON-MEM para usar com seus pacientes. Estou incluindo um trecho dessas habilidades aqui. Se você estiver interessado em concluir o programa completo de 21 semanas baseado em evidências, encorajo-o a procurar um profissional que possa oferecer o treinamento.

Usaremos o método de quatro etapas do programa EON-MEM do Dr. Stringer para ajudá-lo a formar novas memórias com o acrônimo ROIR — que significa redigir, organizar, imaginar e revisar. Após um breve treinamento em ROIR, você usará essa técnica ao longo deste capítulo e dos dois próximos para ajudá-lo a se lembrar melhor do que está aprendendo.*

Praticando ROIR

Primeiro, quero garantir que você absorva completamente o acrônimo, então peço que escreva *ROIR* cinco vezes (escreva o acrônimo real para "fixá-lo" para si mesmo, como ao fazer exercícios de basquete):

_____

_____

_____

_____

Agora, preencha os espaços em branco:

R = _____   R = _____

O = _____   O = _____

I = _____   I = _____

R = _____   R = _____

R = _____   R = _____

O = _____   O = _____

I = _____   I = _____

R = _____   R = _____

---

* Material selecionado do EON-MEM copyright © 2007 de Western Psychological Services. Reimpresso por New Harbinger Publications, com permissão da WPS. Não deve ser reimpresso no todo ou em parte para qualquer propósito adicional sem a permissão expressa por escrito do editor (rights@wpspublish.com). Todos os direitos reservados.

Redigir

O primeiro passo em ROIR é redigir as coisas. Com frequência, esperamos demais da nossa memória e ficamos irritados quando não memorizamos algo imediatamente. A memória não é perfeita, e você pode esquecer muitas informações rapidamente. Redigir é o primeiro passo essencial para melhorar a memória, e, ao escrever, parafrasear ajuda. "Parafrasear" significa colocar informações em suas próprias palavras. Você usará a paráfrase ao fazer anotações nestes densos capítulos sobre neurociência. Se quiser usar linguagem simples ou analogias incomuns, vá em frente. Ambas podem ser muito eficazes. Você não está dando uma aula de neurociência em Harvard. Você está ensinando a si mesmo sobre o cérebro, então use linguagem e analogias que você entenda e que façam sentido para você.

Por que é importante escrever e parafrasear? (Use suas próprias palavras.)

_____
_____
_____
_____
_____
_____

Organizar

O segundo passo de ROIR é organizar. Depois de fazer algumas anotações, você voltará e organizará as informações que escreveu. Se suas anotações forem mais narrativas, e não tópicos ou um esboço numerado, faça uma segunda tentativa e crie um esboço ou uma lista com marcadores para organizar as informações. Outro ótimo passo na organização é fazer associações ou vincular as informações a algo que você já conhece. Se fizer algumas conexões, não importa quão "estranhas" possam parecer para outras pessoas, anote-as para si mesmo em seu esboço ou na sua lista de marcadores.

- _____
- _____
- _____

Imaginar (fazer notas visuais)

O terceiro passo de ROIR é imaginar. Ver informações em sua mente é uma estratégia de memória muito poderosa. Explico o porquê nas seções de memória a seguir. Então, faça alguns rabiscos, diagramas ou *emojis*. Torne as informações visuais ou pitorescas. Você também pode tirar uma foto mental do esboço ou dos marcadores que fez na etapa de organização e vê-la dentro de sua mente. Tente. Olhe para o texto ou para uma imagem e depois feche os olhos. Você "viu" isso em sua mente?

Desenhe uma imagem de ROIR para ajudá-lo a visualizar o acrônimo. Pode ser o que você quiser. Talvez você possa se lembrar de roer, ou de ruir. Você pode escrever as letras de uma forma elaborada ou desenhar uma imagem que represente o conceito. Seja criativo.

Revisar

Não se esqueça de que a prática leva à perfeição, e "prática" é a palavra-chave. Nenhuma bailarina que se preze seria flagrada tentando executar uma coreografia após vê-la apenas uma vez e sem ensaiar, certo? Repita as informações para si mesmo ou para outra pessoa algumas vezes. Treine ou teste-se sobre as listas que você fez. Visualize as imagens mentais repetidamente. Faça isso ao longo do dia. Dependendo de sua idade e do nível de função da sua memória, pode ser necessário revisar a informação de 10 a 15 vezes, ou mais, antes que ela realmente se fixe, por isso continue praticando.

Na próxima seção, você usará ROIR para ajudá-lo a aprender a neurociência subjacente ao funcionamento da memória no cérebro. Conhecer como a memória funciona o ajudará a controlar melhor sua função.

ONDE ESTÁ A MEMÓRIA NO CÉREBRO?

A questão de onde a memória reside no cérebro seria mais fácil de responder se a memória fosse uma coisa única, mas não é. Existem vários tipos de memória alojados em diferentes partes do cérebro. Além disso, a memória não é uma habilidade cognitiva que possa funcionar sozinha. Ela depende de outras habilidades cerebrais, como atenção e função executiva, para operar. Mas não se preocupe. Meu objetivo é ajudá-lo a desvendar esse mistério.

MEMÓRIA DE CURTO PRAZO (TAMBÉM CONHECIDA COMO ATENÇÃO E MEMÓRIA DE TRABALHO)

Os neurocientistas concebem a memória de curto prazo de forma bastante diferente do que a maioria das pessoas discute coloquialmente. Qualquer memória que você retém por mais de 30 segundos é uma memória de longo prazo. Você pode estar pensando: "Quê? Sério? Então você está dizendo que o que eu lembro do último parágrafo é a mesma coisa do que aprendi na educação infantil?". É verdade, mais ou menos.

Na neurociência, a memória de curto prazo é mais uma habilidade de atenção do que uma habilidade de memória. Apenas para confundir as coisas, agora a chamamos de "memória de trabalho". A memória de trabalho é a nova memória de curto prazo. Trata-se de uma plataforma de curto prazo na qual você mantém novas informações em sua mente apenas o tempo suficiente para fazer algo com elas. Se você não as escrever, repetir ou armazenar como uma memória de longo prazo, então, *puf*, elas desaparecem. A memória de trabalho é a intersecção entre atenção e memória, o que significa que você precisa prestar atenção para ter uma boa memória. Ela também tem uma capacidade limitada, de sete unidades em média, com mais ou menos duas, variando de pessoa para pessoa. Então, você não pode manter infinitos *bits* de informação em sua memória de trabalho. Por isso que você esquece das coisas.

Atualizar a memória de curto prazo para a "memória de trabalho" ajuda a expandir nossa compreensão desse sistema porque, na verdade, é muito mais interessante do que apenas manter informações em sua atenção para que não desapareçam. A memória de trabalho também permite que você manipule informações em sua mente (como quando você calcula a gorjeta em uma conta) e as misture com memórias antigas (como quando faz associações entre novas informações e coisas que já conhece). Existem alguns sistemas diferentes dentro da memória de trabalho, incluindo o que é chamado de "alça fonológica" (ouvir mentalmente informações dentro de sua cabeça) e "esboço visuoespacial" (vê-las em sua mente) (Baddeley, 2010).

A memória de trabalho depende de uma pequena área circular, do tamanho de uma moeda, na superfície externa do córtex pré-frontal (ver Figura 3.1). Você pode imaginar essa área em cada lado de sua testa, cerca de 2,5 cm acima das bordas externas de suas sobrancelhas. As células nessa parte do seu córtex pré-frontal se tornam ativas quando você está mantendo uma imagem ou um pensamento em sua mente (Goldman-Rakic, 1995).

As etapas em ROIR envolvem a plataforma de memória da trabalho. Redigir, organizar, imaginar e revisar mantêm as informações em sua memória de trabalho por mais tempo, facilitando a exposição repetida. "Trabalhar" com uma nova memória dentro de sua memória de trabalho (como manipular as informações

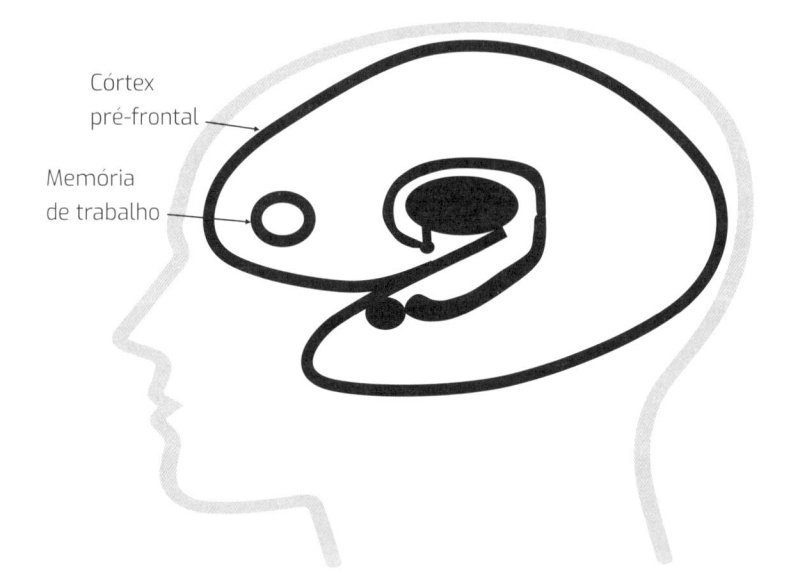

FIGURA 3.1. A seção da memória de trabalho do córtex pré-frontal.

por meio da organização e da elaboração de imagens) dá às partes de armazenamento de longo prazo do seu cérebro uma chance melhor de transformá-la em uma memória de longo prazo.

ROIR: Memória de curto prazo/memória de trabalho

Redigir. O que é memória de curto prazo/memória de trabalho? (Parafraseie; use suas próprias palavras.)

_____

_____

_____

Teste rápido. Quanto tempo dura a memória de curto prazo? _____ (Adicione isso à sua definição anterior, se não incluiu.)

Organizar. Coloque sua definição em alguns tópicos.

- _____
- _____
- _____

Imaginar. Desenhe uma imagem da memória de curto prazo. Pode ser a parte do cérebro que discutimos ou uma imagem mental de algo muito curto. Pode levar apenas 30 segundos para desenhá-la; seja criativo.

Revisar. Pratique repetidamente seus tópicos ou sua imagem, ou até mesmo visualize seus tópicos.

MEMÓRIA DE LONGO PRAZO

A memória de longo prazo é considerada "explícita" ou "implícita", e existem basicamente três tipos de memória de longo prazo. O primeiro deles é a memória explícita, que envolve aquilo que você sabe que sabe e provavelmente se lembra de quando aprendeu, pois a aprendizagem foi um evento. Ela também é chamada de "episódica"; como um episódio do seu programa de TV favorito, esses tipos de eventos são coisas de que você se lembra. A aprendizagem explícita também é chamada de "declarativa" e "semântica", uma vez que envolve sua memória para fatos e informações — coisas que você leria no jornal, ouviria de um amigo ou aprenderia na escola.

Os outros dois tipos de memória de longo prazo são considerados implícitos. Eles se desenvolvem e operam praticamente fora de sua consciência. Você pode não saber exatamente como ou quando uma memória implícita foi formada. Um tipo de memória implícita é a "memória de procedimentos" ou "memória muscular", como os hábitos ou andar de bicicleta, e o outro tipo é a sua "memória emocional".

Três partes diferentes do cérebro governam esses três tipos diferentes de memória. Vamos explorar cada uma delas, mas passaremos muito mais tempo na primeira, pois é a que consideramos quando pensamos em "memória".

Memória explícita episódica

Há uma rede de estruturas profundas no seu cérebro que permite formar novas memórias de longo prazo para fatos e eventos (memórias explícitas episódicas). Essas estruturas trabalham juntas através de um caminho chamado circuito de Papez, nomeado em homenagem ao cientista que o descobriu (Bhattacharyya, 2017). A estrela do sistema do circuito de Papez é o hipocampo. A maioria das pessoas tem dois, um de cada lado do cérebro, situados logo acima das orelhas.

Sem o hipocampo, você ainda poderia formar memórias emocionais e de procedimento ou musculares, mas não poderia formar novas memórias explícitas episódicas. Sabemos muito sobre o hipocampo a partir de um caso neurológico lendário de um homem chamado Henry Molaison (Squire, 2009). Gerações de estudantes de medicina, psicologia e neurociência o conhecem carinhosamente como H. M., pois ele foi identificado apenas por suas iniciais antes de sua morte, em 2008.

Henry tinha terríveis convulsões que seus médicos não conseguiam controlar. Para interrompê-las, um neurocirurgião removeu os hipocampos e alguns tecidos circundantes de ambos os lados do seu cérebro. Cirurgias cerebrais desse tipo ainda são usadas hoje, mas os neurocirurgiões agora procuram não remover o hipocampo, especialmente dos dois lados.

A partir daquele dia, Henry não pôde mais formar novas memórias explícitas para fatos e eventos. Todo momento era novo. Apesar de passar décadas em relacionamento com os cientistas que o estudavam, toda vez que os via, era como se nunca os tivesse encontrado.

As representações de amnésia em Hollywood são quase sempre extremamente imprecisas. O personagem mais parecido com H. M. foi interpretado por Drew Barrymore no filme *Como se fosse a primeira vez*, em que sua memória era reiniciada todas as noites. Ao contrário dela, a memória de Henry era reiniciada a cada 30 a 90 segundos; como ocorre para uma pessoa com doença de Alzheimer moderada a grave.

A região do hipocampo é atacada precocemente pela doença de Alzheimer, então esse tipo de amnésia é uma característica marcante (Imbimbo, Lombard, e Pomara, 2005). As pessoas chamam o Alzheimer de "perda de memória de curto prazo", pois a memória para eventos recentes é fraca, mas a doença é um problema de *memória de longo prazo*. Lembre-se: a memória de longo prazo começa em 30 segundos. O Alzheimer *parece* perda de memória de curto prazo porque as memórias de muito tempo atrás são muito mais fortes do que as memórias recentes, mas todas são memórias de longo prazo. As memórias antigas foram formadas quando o circuito de Papez estava funcionando. Agora, ele não está funcionando bem, portanto, novas memórias de longo prazo não são armazenadas tão bem quanto as antigas.

Você pode ter os melhores hipocampos e ainda ter esse tipo de amnésia porque precisa de todo o circuito de Papez funcionando para codificar novas memórias. A Figura 3.2 mostra o circuito de Papez, mas apenas o do lado esquerdo do cérebro; você tem dois circuitos de Papez (portanto, dois de cada uma das estruturas mostradas), um à direita e um à esquerda.

O hipocampo está conectado a um feixe de fibras nervosas chamado fórnix, que se conecta aos corpos mamilares, dois núcleos circulares muito pequenos (coleções de corpos celulares) bem no meio do seu cérebro que se conectam ao tálamo anterior (ou à parte da frente do tálamo). Todas essas quatro estruturas (hipocampo, fórnix, corpos mamilares e tálamo anterior) devem estar funcionando para que você possa formar novas memórias explícitas de longo prazo.

Cada estrutura pode ser danificada. Um AVC ou um tumor cerebral podem cortar ou pressionar o fórnix, respectivamente. O corpo mamilar é sensível a uma deficiência extrema de tiamina que pode ocorrer em um tipo de alcoolismo chamado síndrome de Wernicke-Korsakoff. O dano não é causado pelo álcool, mas sim porque a pessoa bebe tanto que se esquece de comer por muitos dias, privando o cérebro de tiamina. O tálamo é uma estrutura cerebral importante. É como a Grand Central Station do seu cérebro, pois é a estação de retransmissão para muitas habilidades, incluindo quatro dos cinco sentidos (excluído o olfato), que

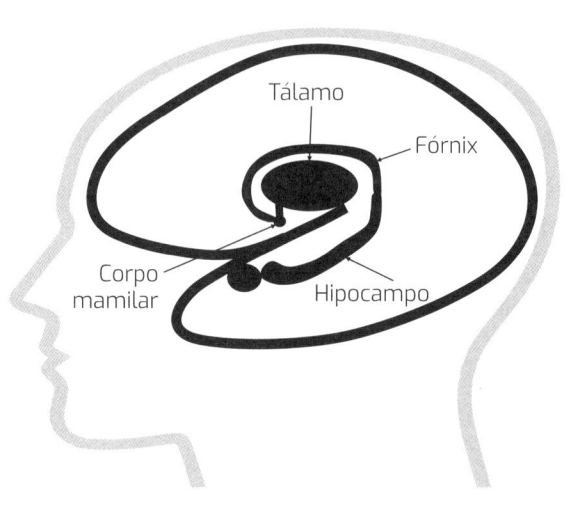

FIGURA 3.2. A codificação de memória explícita de longo prazo ocorre no circuito de Papez, que inclui hipocampo, fórnix, corpo mamilar e tálamo. Esta figura é uma representação tridimensional. A secção transversal ocorre em um ângulo, de modo que as estruturas na parte inferior da figura estão mais próximas das bordas da sua cabeça (o hipocampo está mais próximo da sua orelha do que do meio do seu rosto), ao passo que as estruturas na parte superior da figura estão mais próximas da linha média (alinhadas com o seu nariz).

primeiro viajam para o tálamo antes de ir para qualquer outro lugar no cérebro (Fama e Sullivan, 2015). Danos ao tálamo, causados por um tumor ou um AVC, podem interromper muitas habilidades, incluindo a formação de novas memórias de longo prazo.

ROIR: memória explícita de longo prazo

Redigir. O que é memória de longo prazo? (Parafraseie; use suas próprias palavras.)

_____
_____
_____
_____
_____

Teste rápido. Quando começa a memória de longo prazo? _____
(Adicione isso à sua definição anterior, se não incluiu.)

Organizar. Coloque sua definição em alguns tópicos.

- _____

- _____

- _____

Imaginar. Desenhe uma imagem da memória de longo prazo. Podem ser as partes do cérebro que discutimos, um diagrama ou o que você preferir. Você pode ser bem criativo com os nomes das estruturas cerebrais: hipocampo — um hipopótamo no *campus* universitário? Corpos mamilares? Curiosidade: a palavra "hipocampo" vem do latim e significa "cavalo-marinho".

Você também pode ir à Figura 3.2 e traçar o circuito de Papez com o dedo ou um lápis, seguindo o caminho do hipocampo, passando pelo fórnix até os corpos mamilares e subindo até o tálamo. Descobri que diagramar o caminho ou traçar sua rota pelo cérebro na figura me ajudou a memorizar o circuito.

Revisar. Pratique seus tópicos ou sua imagem, ou até mesmo visualize seus tópicos.

Memória verbal *versus* memória visual

Você sabia que tem dois lados no seu cérebro? Provavelmente você está pensando: "Sim, claro. Eu sabia disso". Menciono isso porque frequentemente nos referimos às estruturas cerebrais no singular, como "o hipocampo", mas, na realidade, temos dois hipocampos, um de cada lado do cérebro. Quase todas as estruturas cerebrais são duplicadas; uma no lado esquerdo, outra no lado direito. Você tem dois circuitos de Papez completos, o que é importante lembrar porque cada lado lida com o armazenamento de longo prazo de dois tipos diferentes de informações.

Para a maioria das pessoas, mesmo a maioria dos canhotos, a linguagem está localizada no hemisfério esquerdo do cérebro (Corballis, 2014). Há alguma variação, mas não tanto quanto você pode imaginar. Como a linguagem está no lado esquerdo, apenas o circuito de Papez esquerdo forma novas memórias para informações auditivas, verbais e baseadas na linguagem. Seu circuito de Papez direito é responsável por aprender informações *visuais*. Este é o lar do seu "olho da mente" e do seu "mapa cognitivo" (a capacidade de dar direções a alguém de memória).

Como os humanos evoluíram para ler, escrever e falar, tendemos a sobrecarregar nosso circuito de memória do hemisfério esquerdo. Dizemos a nós mesmos para lembrar das coisas verbalmente, com muito diálogo interno verbal. Uma maneira muito eficaz de melhorar sua memória é recorrer ao circuito de memória do hemisfério direito para lembrar das coisas visualmente, usando a etapa de visualização do ROIR. Muitas pessoas não pensam em usar esse circuito do lado direito, mas as estratégias de visualização são notavelmente eficazes. Alguns argumentam que podem até ser mais eficazes do que as memórias verbais porque provavelmente tivemos memória visual por mais tempo. Lembre-se dos homens das cavernas. Não parece provável que eles conversassem entre si, mas sabiam onde estavam todas as frutas silvestres.

Os hemisférios também são especializados para outros tipos de informações, não apenas linguagem *versus* visual, o que pode explicar por que a linguagem acabou no hemisfério esquerdo. O hemisfério esquerdo é especializado nos detalhes e processa informações de maneira lógica e linear, focando no passado, no futuro e em nós mesmos. O hemisfério direito é especializado em informações mais abrangentes, o todo e o mundo externo. Então, lembre-se: o esquerdo é para linguagem, linearidade e lógica, ao passo que o direito é para visualização, o quadro geral e o mundo.

ROIR: codificação visual *versus* verbal

Redigir e organizar. Para a maioria das pessoas, qual tipo de memória é codificado em qual lado do cérebro e quais tipos de informações os hemisférios preferem?

Esquerdo	Direito

Imaginar. Passe um momento visualizando memórias sendo codificadas no cérebro através do circuito de Papez, como palavras sendo armazenadas no lado esquerdo e imagens sendo armazenadas no lado direito. Desenhe imagens para os tipos de memória que cada hemisfério codifica.

Esquerdo	Direito

Revisar. Pratique repetidamente suas imagens e listas.

Recuperação de memórias explícitas de longo prazo

Você pode ter o melhor circuito de Papez do mundo e ainda assim ter problemas de memória. Isso ocorre porque o hipocampo e outras estruturas dentro do circuito de Papez são responsáveis apenas por ajudá-lo a *colocar novas memórias no cérebro*, ou o que chamamos de "codificação". Puxar memórias do cérebro envolve uma habilidade totalmente diferente, chamada de "recuperação", que depende de uma parte diferente.

A recuperação depende do córtex pré-frontal, a cobertura externa do cérebro na parte frontal (ver Figura 3.3), que é responsável pelas funções executivas, habilidades como planejamento, organização e inibição (Cummings, 1993). As habilidades executivas ajudam você a codificar memórias porque auxiliam a organizar informações para armazená-las melhor, como a etapa de organização no ROIR. Os lobos frontais também são responsáveis por "ir buscar" a memória depois, ou *recuperá-la*. Não é apenas o córtex pré-frontal que é necessário para a recuperação da memória. O córtex é onde vivem os corpos celulares dos neurônios, e a recuperação depende dos "axônios" (os longos braços ou fibras nervosas do neurônio, também conhecidos como "vias de substância branca"), que conectam os lobos frontais a outras partes do cérebro. Eu chamo essas vias de "vá buscar", pois elas vão buscar a memória para a recuperação.

Estratégias de recuperação

Você já ouviu falar em "ter um branco"? É aquele fenômeno de "ponta da língua" quando as pessoas não conseguem lembrar o nome do restaurante onde come-

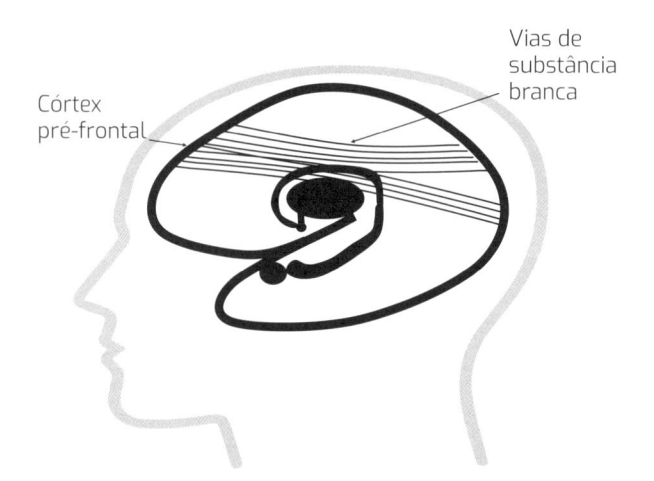

FIGURA 3.3. A recuperação de memórias explícitas depende do córtex pré-frontal mais amplo e das vias de substância branca (axônios ou nervos) que o conectam a outras partes do cérebro.

ram na semana anterior. A memória geralmente está no cérebro, ela apenas está sendo difícil de recuperar. Com frequência, ouço as pessoas se queixarem por essas coisas, mas você deve parar de fazer isso, porque não ajuda.

Quando você estiver tentando lembrar algo novo que aprendeu, quero que use estas estratégias adaptadas do programa de reabilitação cognitiva CogSMART (Twamley et al., 2012, p. 66).

1. Relaxe.

    Muitas pessoas entram em pânico quando têm "um branco", mas essa é provavelmente a pior coisa que podem fazer. A ansiedade interfere na capacidade de recuperar informações. Trabalhe para acalmar seu corpo e sua mente quando sua recuperação estiver bloqueada. Isso aumentará suas chances de acessar a informação. Pensar mais intensamente não vai ajudar.

2. Refaça seus passos.

    Para recuperar um item perdido ou acessar um detalhe sobre um evento passado, refaça mentalmente seus passos e pense nos eventos que levaram até o momento em que você tinha o item em mente pela última vez.

3. Percorra o alfabeto.

    Para se lembrar de uma palavra ou um nome, percorra o alfabeto, começando com *A*, e pergunte a si mesmo: "Começa com *A*? Começa com *B*?", e assim por diante.

4. Recrie o contexto.

    Como Twamley e colaboradores (2012) sugerem, "Esta é uma boa estratégia quando você não consegue lembrar onde estava ou o que estava fazendo quando aprendeu a informação. Por exemplo, se você lembra que estava comendo em um determinado restaurante quando seu amigo lhe falou sobre um curso que você queria fazer, recrie esse contexto. Imagine o restaurante ou realmente vá até lá, e será mais fácil para você lembrar os detalhes sobre aquele curso" (p. 66).

5. Mantenha uma rotina estruturada.

    Identifique sua rotina diária e programe as coisas que você quer fazer mas frequentemente tem dificuldade de se lembrar, ou de se motivar para fazer (como tomar medicamentos, exercitar-se, etc.).

ROIR: recuperação

Redigir. O que é recuperação? (Parafraseie; use suas próprias palavras.)

_____

_____

Liste algumas etapas que você planeja seguir na próxima vez que sua recuperação ficar "travada" e você não conseguir acessar o que quer lembrar.

_____

_____

_____

Organizar. Coloque sua definição em alguns tópicos.

- _____
- _____
- _____

Imaginar. Desenhe uma imagem da recuperação. Pode ser as partes do cérebro que discutimos, um diagrama, as vias de "ir buscar", e assim por diante.

Revisar. Pratique repetidamente seus tópicos ou sua imagem, ou até mesmo visualize seus tópicos.

Memória implícita de procedimentos (muscular)

Memórias implícitas são memórias que você pode não se lembrar de ter "criado". Você pode nem mesmo entender por que elas existem, como certos hábitos ou associações, como quando você se sente atordoado ao abrir seu extrato bancário. O primeiro tipo de memória implícita é a de procedimentos, ou memória muscular. Essas memórias são compostas de hábitos ou habilidades automáticas que você "simplesmente faz" e não pensa muito a respeito, como andar de bicicleta. Elas residem no meio do seu cérebro em um circuito de estruturas chamado de núcleos da base (Wise, 1996). Os núcleos da base podem soar como um prato tailandês saboroso, mas são uma coleção complicada de "núcleos" (grupos de corpos celulares) que, junto ao tálamo, ajudam você a realizar hábitos, rotinas e movimentos musculares coordenados.

Doenças associadas a uma perturbação na função dos núcleos da base incluem a doença de Parkinson e o transtorno obsessivo-compulsivo (TOC) (Harbishettar et al., 2005). Na doença de Parkinson, os programas motores perdem sua coordenação, levando a tremores, problemas de equilíbrio e enrijecimento. No TOC, os núcleos da base estão hiperativos, levando a rotinas rígidas difíceis de quebrar.

Na doença de Alzheimer, os núcleos da base são poupados desde cedo (Vitanova et al., 2019), então uma maneira eficaz de intervir na reabilitação é trabalhar para estabelecer novos hábitos e rotinas que possam compensar as mudanças na memória episódica.

Os núcleos da base não são treinados "de forma didática" (como ouvir uma palestra), portanto, ler sobre uma nova técnica de memória não levará a mudanças neles. Você deve treiná-los por meio da prática e da repetição; pense em hábitos e rotinas.

ROIR: memória de procedimentos

Redigir. O que é memória de procedimentos? (Parafraseie; use suas próprias palavras.)

_____

_____

_____

_____

_____

Organizar. Coloque sua definição em alguns tópicos.

- _____
- _____
- _____

Imaginar. Desenhe imagens de diferentes tipos de memória de procedimentos, como andar de bicicleta ou correr. Você pode procurar imagens dos núcleos da base *on-line* e desenhar a rede. Também pode desenhar aquele prato tailandês dos núcleos da base que estamos imaginando — qualquer coisa que o ajude a se lembrar de detalhes sobre esse tipo de memória implícita.

Revisar. Pratique repetidamente seus tópicos ou suas imagens, ou até mesmo visualize seus tópicos.

Memória implícita emocional

O terceiro tipo de memória de longo prazo, também implícita, é a memória emocional. Essas memórias se formam na amígdala, duas estruturas muito pequenas em forma de amêndoa que ficam à frente de cada hipocampo, logo acima das orelhas (Figura 3.4). As amígdalas são seus detectores de medo. Elas estão constantemente monitorando o ambiente, o que inclui seus pensamentos; quando uma delas decide que algo é assustador, acionam importantes sistemas cerebrais e corporais para disparar muito rapidamente, a fim de ajudá-lo a responder de forma automática.

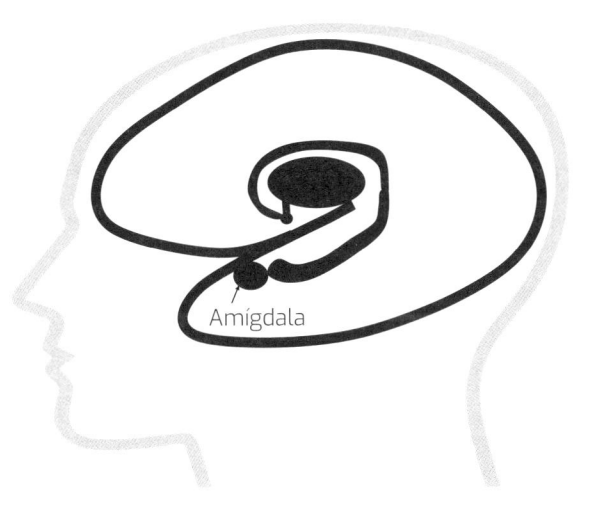

FIGURA 3.4. A amígdala é responsável por criar e armazenar memórias emocionais por meio de associações alojadas em seu interior.

Falaremos mais sobre a resposta ao estresse depois. O que quero que você saiba agora é que a amígdala armazena suas memórias emocionais. Ela faz associações entre o que você acha que vai lhe matar e coisas que realmente podem lhe matar e age de acordo. Você pode retreinar sua amígdala, o que é empolgante, mas, assim como seus núcleos da base, ela não aprende por meio de *webinars* ou da leitura de livros, mas sim por meio de condicionamento, associações ou pareamentos. A amígdala não fala português. Treiná-la requer uma abordagem totalmente diferente (especificamente via exposição àquilo que é assustador).

ROIR: memória emocional

Redigir. O que é memória emocional? (Parafraseie; use suas próprias palavras.)

_____
_____
_____
_____
_____
_____

Teste rápido. Onde as memórias emocionais residem no cérebro? _____

Organizar. Coloque sua definição em alguns tópicos.

- _____

- _____

- _____

Imaginar. Desenhe uma imagem relacionada à memória emocional ou à amígdala. (Curiosidade: "amígdala" vem do latim e significa "amêndoa".)

[ ]

Revisar. Pratique repetidamente seus tópicos ou sua imagem, ou até mesmo visualize seus tópicos.

Agora que você sabe que existem múltiplos tipos de memória e sistemas de memória, cada um lidando com diferentes tipos de informações, está mais bem equipado para começar a trabalhar com seu cérebro para melhorar sua memória. Dependendo do que está acontecendo com seu cérebro, seja vida normal, envelhecimento, histórico de trauma, lesão cerebral ou doença de Alzheimer, você pode personalizar a abordagem para seus desafios específicos a fim de ajudar a melhorar o seu desempenho de memória.

4

RESERVA COGNITIVA: UM NOME FAMILIAR

Duas importantes teorias científicas revolucionaram o campo da neurociência, proporcionando um novo nível de esperança para melhorar a memória. Elas são teorias científicas confiáveis, nascidas do método científico, e resumem os resultados de dados de uma série de estudos.

Neste capítulo, compartilharei com você o histórico sobre a reserva cognitiva, a primeira teoria, e as coisas que sabidamente a esgotam. Ao longo do restante deste livro, você aprenderá como aumentar sua reserva cognitiva aproveitando a plasticidade cerebral positiva (a segunda importante teoria da neurociência, que é descrita no próximo capítulo). A reserva cognitiva descreve as manifestações físicas — "o quê" — que você precisa para uma memória forte ao longo da vida, ao passo que a plasticidade cerebral (também chamada de neuroplasticidade) descreve "como" você a obtém, então vamos nos aprofundar.

UMA HISTÓRIA SOBRE O CÉREBRO

A melhor maneira que encontrei para introduzir a reserva cognitiva é começar contando uma história sobre o cérebro. No final da década de 1980, um grupo de pesquisadores pediu a adultos na casa dos 80 anos que doassem seu cérebro quando morressem (Katzman et al., 1989). Os pesquisadores sabiam quais participantes tinham problemas de memória no final de sua vida e quais não tinham, bem como tinham uma boa quantidade de informações sobre como aquelas pessoas haviam vivido. Algumas delas estavam afiadíssimas quando morreram, ao passo que outras tinham perda de memória muito avançada, lutando para cuidar de si mesmas ou se lembrar de entes queridos. Os pesquisadores queriam saber se poderiam dizer quais cérebros pertenciam a qual grupo medindo a quantidade de doença de Alzheimer crescendo no cérebro de uma subamostra dos participantes. Eles fizeram uma contagem cega das placas beta-amiloides, uma das duas características marcantes da patologia da doença de Alzheimer. (A outra característica é chamada de emaranhados neurofibrilares de tau, mas eles não foram contados nesse estudo.) O que você acha que eles descobriram? Arrisque um palpite.

Você acha que as pessoas com demência avançada tinham _____ do que as pessoas que tinham memória aguçada?

a. Mais placas.
b. Menos placas.
c. A mesma quantidade de placas.

A resposta é a letra "c", a mesma quantidade de placas. Se você apostou em mais placas, não está sozinho. Muitas pessoas assumem isso, mas os pesquisadores encontraram quantidades significativas de placas da doença de Alzheimer no cérebro de pessoas afiadas, o mesmo que naquelas com demência avançada.

Os pesquisadores (talvez assim como você) ficaram bastante intrigados, então procuraram ver se *havia* algo diferente no cérebro das pessoas que estavam afiadas que pudesse explicar isso, e encontraram uma diferença. Os indivíduos que estavam mais afiados quando morreram tinham um cérebro maior. O tamanho do cérebro é medido de algumas maneiras distintas em diferentes estudos, mas inclui massa (peso), volume (tamanho) e contagem de células (quantos neurônios por milímetro quadrado). As pessoas afiadas tinham mais cérebro sobrando, o que parecia permitir que elas evitassem os sinais visíveis de declínio de memória, apesar de todo o Alzheimer crescendo ali. Também se descobriu que as pessoas afiadas haviam sido mais ativas ao longo da vida, não apenas intelectualmente (lendo mais, avançando mais em suas carreiras, etc.), mas também física e socialmente. A maneira como elas haviam vivido parecia fazer uma diferença maior em seu risco de perda de memória do que a quantidade de placas de Alzheimer crescendo em seu cérebro.

Ao longo da década de 1990, dados semelhantes também estavam surgindo de outros tipos de danos cerebrais, como AVC e traumatismo cranioencefálico. Ainda não podemos prever quanta perda de habilidade uma pessoa experimentará com base no tamanho de um AVC ou na gravidade de uma lesão cerebral. Algumas pessoas experimentam pequenos AVCs e perdem muitas habilidades, ao passo que outras com grandes AVCs têm recuperações notáveis. Há muitos aspectos envolvidos nisso, mas um grande fator é quanto cérebro a pessoa tem para perder, em primeiro lugar.

O NASCIMENTO DE UMA NOVA TEORIA

Observando essas evidências, um neuropsicólogo da Columbia University chamado Yakov Stern (2002) publicou uma série de artigos a partir da década de 2000 resumindo esses achados e propondo a teoria da reserva cognitiva, que sintetizou e explicou o que os cientistas estavam vendo em diversas doenças e lesões. A teoria explica que as pessoas diferem no número de células e habilidades que têm armazenadas em seus bancos cerebrais, e isso, *mais do que a doença ou a lesão*, em muitos casos, prevê quão cedo um indivíduo encontrará um problema de memória. Em outras palavras, *quanto mais células e habilidades você tem armazenadas em seu banco cerebral, mais você tem para perder antes de cruzar o "limiar da demência"* (representado pela linha horizontal na Figura 4.1), que é o ponto em que sua perda de memória é tão ruim que a diagnosticamos como demência. Ter uma reserva cognitiva robusta possibilita que você resista melhor às coisas que devastariam sua memória, permitindo que mantenha sua memória e independência por mais tempo.

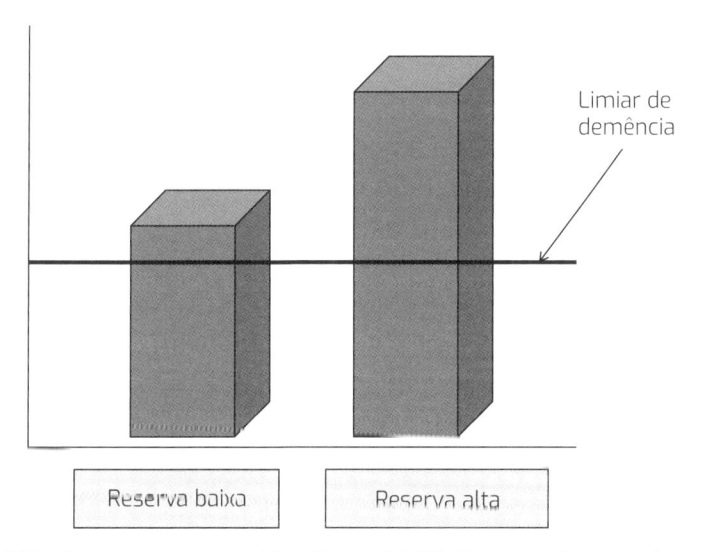

FIGURA 4.1. Teoria da reserva cognitiva (Stern, 2002). A pessoa à esquerda tem uma reserva cognitiva menor, portanto, está em maior risco de mostrar demência mais cedo do que a pessoa à direita. A pessoa à direita tem mais células cerebrais e habilidades para perder — maior reserva cognitiva — antes de mostrar sinais de demência.

ROIR: reserva cognitiva

Redigir. O que é reserva cognitiva? (Parafraseie; use suas próprias palavras.)

_____

_____

_____

Organizar. Coloque sua definição em alguns tópicos.

- _____
- _____
- _____

Imaginar. Desenhe uma imagem sobre reserva cognitiva.

Revisar. Pratique repetidamente seus tópicos ou sua imagem, ou até mesmo visualize seus tópicos.

PLANO DE PREVIDÊNCIA CEREBRAL

Chamo de reserva cognitiva o plano de previdência do seu cérebro, pois é literalmente a conta de aposentadoria dele. Fiz da divulgação desse conceito minha missão profissional, para que você pense nisso diariamente ao tomar inúmeras decisões. Quero que considere a reserva cognitiva da mesma forma que pensa sobre sua pressão arterial, seu peso, seus níveis de colesterol, etc. Por quê? Porque *você pode controlá-la!*

Ressalva científica: bem, você pode controlar boa parte da sua reserva cognitiva. Parece haver pessoas que nascem com um "patrimônio cerebral", indivíduos com cérebro geneticamente maior. Infelizmente, não é possível voltar aos 20 anos e beber menos cerveja. Mas, assim como suas economias para a aposentadoria, você pode controlar uma parcela considerável, mesmo que comece a investir tarde no "plano de previdência cerebral".

Investindo no plano de previdência cerebral

No início da compreensão sobre a reserva cognitiva, a neurociência ainda operava sob uma perspectiva muito diferente da atual. Até o começo deste século, acreditava-se que o cérebro adulto era fixo e pré-programado. Portanto, a abordagem aceita para a saúde cerebral, quando começamos a entender a reserva cognitiva, era simplesmente trabalhar para minimizar as perdas do plano de previdência cerebral. O melhor conselho que tínhamos no início da década de 2000 era algo como "Não bata a cabeça".

No entanto, desde então, aprendemos que também é possível investir ativamente no seu plano de previdência cerebral ao longo de toda a vida. Você pode *fazer contribuições para a conta de aposentadoria do seu cérebro* e construir um cérebro maior, mais resistente à perda de memória. Gostaria que pessoas de todas as idades pensassem sobre a reserva cognitiva, porque você está investindo ou retirando do seu plano de previdência cerebral durante toda a vida.

Investir no plano de previdência cerebral paga dividendos

O restante deste livro está repleto de soluções para ajudá-lo a maximizar seus investimentos no plano de previdência cerebral, mas você provavelmente está pensando: "Eu me importo com o que acontecerá com meu cérebro aos 80 anos, mas comprei este livro porque preciso de ajuda com a memória agora". Bem, você está com sorte! Como qualquer boa estratégia de investimento financeiro, investir no plano de previdência cerebral não apenas ajuda a construir um portfólio cerebral sólido no futuro, mas também *paga dividendos*. Cada uma das estratégias apresentadas neste livro é conhecida por ter benefícios de longo prazo para a saúde cerebral, e a maioria também proporciona benefícios de curto prazo, ajudando-o a ter uma memória mais aguçada *agora*.

Avaliando seu portfólio do plano de previdência cerebral

Vamos ter uma ideia do seu portfólio atual de investimentos no plano de previdência cerebral. Avalie-se em uma escala de 0 a 100 sobre quão bem acha que está se saindo agora em cada uma das áreas de estilo de vida listadas no gráfico da Figura 4.2. Em seguida, preencha cada barra para refletir essa porcentagem. Por exemplo, *estou me esforçando cerca de 90% no apoio social, mas apenas 30% na atividade física.*

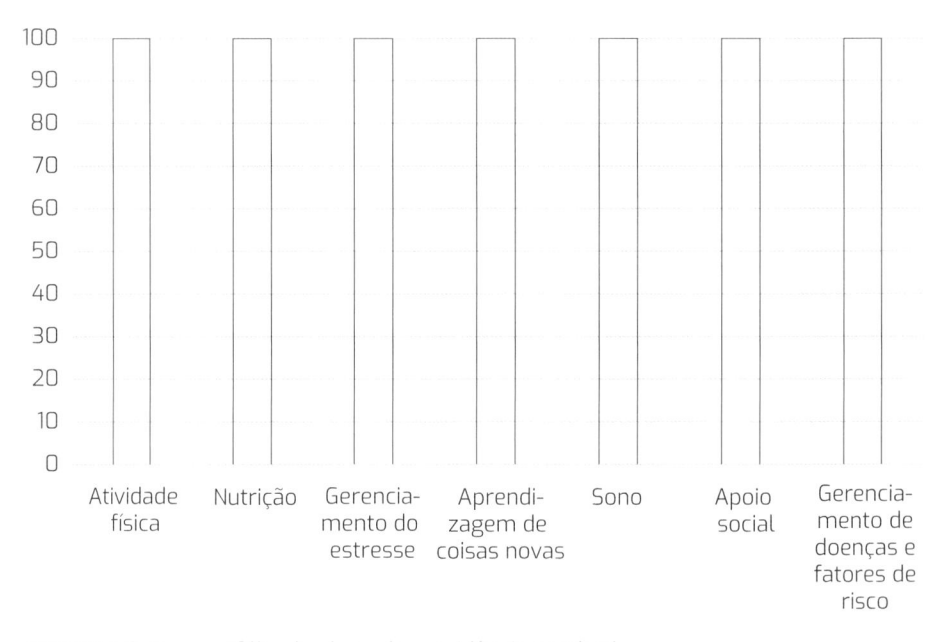

FIGURA 4.2. Seu portfólio do plano de previdência cerebral.

MINIMIZANDO PERDAS: ALGUMAS VERDADES DESAGRADÁVEIS

Antes de nos aprofundarmos em maneiras de maximizar seus investimentos, é importante que façamos um desvio para falar sobre algumas coisas que podem esgotar seu plano de previdência cerebral. Muitas vezes, fico tão empolgada com as possibilidades de investir no plano de previdência cerebral que passo por cima dos maus investimentos. Você pode pensar na lista a seguir como ativos tóxicos, talvez como uma fatura de cartão de crédito com juros altos.

A *Lancet Commissions*, uma importante revista científica que "encomenda" revisões em larga escala, publicou uma análise completa dos maiores "fatores de risco potencialmente modificáveis" para demência (Livingston et al., 2017). Esses são padrões de saúde e estilo de vida que aumentam o risco de demência ao corroer seu plano de previdência cerebral. Fique atento aos seguintes 10 fatores conhecidos por consumir seu plano de previdência cerebral e, assim, aumentar o risco de perda de memória no futuro. Esta seção termina com uma autoavaliação, para que você possa ter uma noção melhor do seu próprio nível de risco.

1. Perda auditiva

É especialmente prejudicial se você perder a audição no meio da vida, por exemplo, aos 40 ou 50 anos, e não fizer nada a respeito, mas a perda auditiva pode ser um fator de risco para demência em qualquer idade (Livingston et al., 2017). A perda auditiva e o isolamento social frequentemente associado privam seu cérebro de estimulação que é muito necessária. Quando há menos entrada de informações pelos ouvidos, as células cerebrais têm menos estímulos para responder, potencialmente levando à atrofia pelo princípio "use-o ou perca-o". Com frequência, corrigir a perda auditiva reabre o mundo para as pessoas e fornece uma largura de banda muito maior de sinal para o cérebro. Espero que essa nova evidência finalmente convença as seguradoras de saúde estadunidenses a cobrirem aparelhos auditivos. Se você tem adiado fazer um teste de audição ou se esquece de usar seu aparelho auditivo, conhecer essa conexão pode aumentar sua motivação. Em qualquer caso, você também não precisa se tornar uma pessoa retraída só porque está tendo dificuldades para ouvir. Existem muitas maneiras de se conectar com as pessoas e permanecer ativo.

2. Obesidade

Felizmente, muitas culturas estão combatendo a gordofobia, que é a atitude discriminatória sobre o tamanho que leva ao medo intenso ou à vergonha de ser gordo e a políticas discriminatórias, como ter de comprar um assento extra em um avião. Tentar controlar a obesidade por meio da vergonha *não é* útil, e ser magro nem sempre significa ser saudável. Ao mesmo tempo, não podemos ignorar as evidências de que a obesidade, particularmente no meio da vida de uma pessoa, é um fator de risco conhecido para demência (Livingston et al., 2017).

O impacto da obesidade no cérebro é, em grande parte, indireto e potencialmente modificável. Na verdade, é menos uma questão de tamanho e mais de saúde. As maneiras pelas quais nos tornamos e permanecemos obesos são prejudiciais ao cérebro, como ficar sentado no sofá comendo alimentos açucarados e gordurosos, sem mencionar alguns drinques todas as noites. O excesso de peso aumenta o risco de condições prejudiciais ao cérebro, como pressão alta, apneia do sono, doenças cardíacas e diabetes. O peso não é a única causa dessas condições. A genética tende a desempenhar um papel importante, mas também sabemos que a obesidade pode agravar essas condições.

3. Pressão arterial alta descontrolada

A pressão arterial alta descontrolada, ou hipertensão, pode ser prejudicial para o cérebro e a memória. O sistema vascular do corpo inclui artérias (que transportam sangue oxigenado do coração), veias (que levam o sangue "usado" de volta ao coração) e capilares (os pequenos vasos nas extremidades do sistema que alimentam áreas de difícil acesso). Esse sistema é fechado, e muita pressão dentro dele pode danificar tanto os vasos sanguíneos quanto, em alguns casos, as células cerebrais. Danos às paredes arteriais podem levar ao acúmulo de placas nas artérias e, se alguma delas se desprender e bloquear uma artéria, pode ocorrer privação do fluxo sanguíneo para o cérebro. As células nervosas não armazenam sua própria energia, então qualquer interrupção no fluxo sanguíneo para o cérebro, mesmo por alguns minutos, pode causar morte celular maciça. A pressão intensa nos vasos sanguíneos na hipertensão também pode causar hemorragias cerebrais. Hemorragias cerebrais e bloqueios no suprimento de sangue ao cérebro são os dois tipos de AVC, e você pode ter atividade de AVC sem ficar sabendo. A parte central do cérebro é especialmente vulnerável a esses mini-AVCs porque é alimentada por pequenos capilares, que são particularmente suscetíveis a bloqueios e hemorragias devido ao seu pequeno tamanho. Muitas pessoas com hipertensão descontrolada (e diabetes, ver a seguir) desenvolvem problemas de recuperação de memória, resultando no que tradicionalmente chamamos de demência vascular, agora chamada de transtorno neurocognitivo vascular (American Psychiatric Association, 2013).

Visitas regulares ao médico provavelmente identificarão a pressão alta, mas dores de cabeça frequentes, tontura, vertigem ou sensação de aperto no pescoço ou no peito podem indicar picos de pressão arterial. Para controlar sua pressão arterial, é melhor trabalhar com seu médico para abordar as causas subjacentes (tabagismo, obesidade, etc.) em longo prazo. No entanto, se ele lhe prescrever medicamentos, recomendo que você os use. Controlar a pressão arterial é crucial para a saúde do cérebro, e não tomar a medicação é um risco que não vale a pena correr. Mudanças no estilo de vida podem ou não ser bem-sucedidas, ou podem levar muito tempo, resultando em danos indevidos ao cérebro. Com certas mudanças no estilo de vida e melhorias na saúde, você pode parar de tomar a medicação mais tarde.

4. Tabagismo

Felizmente, o tabagismo está se tornando cada vez menos aceitável, mas em muitos ambientes ainda é amplamente aceito. Não é segredo que fumar é prejudicial ao corpo. Em termos cerebrais, fumar priva o cérebro do oxigênio necessário e aumenta o risco de danos vasculares. O uso de cigarros eletrônicos e vaporizadores, consumindo nicotina via vapor de água, em vez de cigarros, foi inicialmente considerado mais seguro, pois o vapor de água provavelmente não privaria o cérebro de oxigênio da mesma forma que o fumo. No entanto, o uso desses instrumentos também parece arriscado, devido aos relatos de danos pulmonares e às fórmulas químicas não regulamentadas usadas em produtos de vaporização.

Sei que pode ser difícil parar de fumar, e não estou aqui para constrangê-lo. Estou aqui para encorajá-lo. Parar de fumar é possível e muito mais alcançável com ajuda profissional. Clínicas de cessação do tabagismo existem há décadas, e os serviços parecem estar se expandindo para os ambientes de atenção primária.

Além disso, não deixe sua idade impedi-lo de parar. Não pense "É tarde demais para mim, qual o sentido?", pois os dados mostram que parar de fumar mais tarde na vida, mesmo aos 70 anos, ainda pode reduzir drasticamente o risco de demência (Livingston et al., 2017).

5. Depressão

A depressão rouba a concentração e a memória agora e em longo prazo. Pode fazer você se sentir confuso e desmotivado, além de ser um grande fator de risco para demência (Livingston et al., 2017). O cortisol é tóxico para as células cerebrais, e, quando você está deprimido, esse hormônio do estresse está constantemente circulando pelo corpo e pelo cérebro (Andrade e Kumar Rao, 2010). No entanto, a depressão é bastante tratável por meio de psicoterapia, meditação e medicação.

Pode valer muito a pena encontrar um bom terapeuta. Você pode fazer terapia até por telefone. Se você sofre de depressão, recomendo que busque ajuda de um profissional da saúde mental credenciado, especialmente se estiver se sentindo inútil ou com tendências suicidas. Um terapeuta pode ajudá-lo a aprender novas maneiras de pensar e de ser que são conhecidas por combater a depressão.

6. Inatividade física

Isso será mencionado várias vezes neste livro porque mover seu corpo pode ser a melhor coisa que você pode fazer pelo seu cérebro e por sua memória. Você pode pensar que sou algum tipo de fanática por exercícios, mas não sou. Eu lido com essa dificuldade tanto quanto qualquer pessoa. Adoro a sensação de estar mais fisicamente ativa. Fico mais alerta e enérgica. Também adoro dormir até tarde ou me sentar no sofá assistindo a Netflix. Pode haver espaço para ambos na vida. Meu objetivo é ajudá-lo a desenvolver e manter um padrão de atividade física que melhore seu cérebro e sua memória, pois ser sedentário é um risco conhecido para demência. Deus me livre!

7. Isolamento social

O isolamento social, particularmente a solidão, é um grande risco à saúde, tão prejudicial quanto fumar, segundo algumas estimativas (Pantell et al., 2013). Também é um fator de risco conhecido para demência, especialmente entre os idosos (Livingston et al., 2017). A teoria é de que isso danifica o cérebro ao privá-lo da estimulação necessária; além disso, é um fator estressante. Os humanos modernos ainda são primatas sociais. Dependemos imensamente uns dos outros para nossa sobrevivência e nosso conforto. Sem apoio social adequado, você pode estar limitando seriamente seu potencial de memória tanto agora quanto no futuro.

8. Diabetes

O diabetes descontrolado é prejudicial ao cérebro porque, quando o nível de açúcar no sangue fica muito alto, suas células vermelhas incham e bloqueiam o fluxo sanguíneo nos pequenos capilares (os pequenos vasos sanguíneos nas extremidades das artérias) que alimentam a parte central do cérebro. Como vimos no caso da pressão arterial alta, privar as células cerebrais (incluindo os nervos) do fluxo sanguíneo, mesmo por alguns minutos, causa morte celular maciça.

Você já ouviu falar de "neuropatia diabética"? Trata-se da condição em que uma pessoa com diabetes perde a sensação ou sente dor nos dedos das mãos e dos pés, ou quando sofre danos nos rins (nefropatia) ou nos olhos (retinopatia). Bem, a mesma coisa acontece no cérebro. O que essas partes do corpo (dedos das mãos, dedos dos pés, olhos, rins e a parte central do cérebro) têm em comum é que todas são alimentadas por capilares. Quando as células vermelhas incham devido ao aumento do açúcar no sangue, elas bloqueiam o fluxo sanguíneo para essas regiões, danificando os nervos. Portanto, se um médico lhe disse que a dormência ou o formigamento que você sente nos dedos das mãos ou dos pés é devido à neuropatia, pode apostar que o mesmo tipo de dano pode estar acontecendo no seu cérebro. Diabetes e pressão arterial alta afetam a mesma parte do cérebro, sua memória e a recuperação das lembranças ao longo do tempo.

Em curto prazo, o diabetes também afeta sua concentração durante períodos de alto ou baixo nível de açúcar no sangue. Você nem precisa ter diabetes para experimentar isso. Para muitas pessoas (como eu), comer uma grande fatia de bolo pode causar uma sensação de euforia semelhante à provocada por uma taça de vinho. Quando uma resposta saudável de insulina entra em ação para combater esse açúcar, você pode se sentir pronto para uma soneca. Tudo isso diminui sua concentração e, portanto, sua memória. Você não precisa cortar todo o açúcar, mas tente buscar algum equilíbrio.

9. Abandono escolar

A relação entre a estimulação mental proporcionada pela educação e uma maior reserva cognitiva foi clara desde o início (Katzman et al., 1989). Nos primeiros estudos sobre reserva cognitiva revisadas pelo Dr. Stern (2002), as pessoas que levavam uma vida mentalmente mais ativa tinham uma reserva mais alta. Revisões subsequentes em grande escala sugerem que a maior parte do risco vem da falta de educação secundária (não ter completado o ensino médio) ou menos. Em comparação com outros fatores desta lista, isso é bastante relevante (Livingston et al., 2017). Há mais coisas a serem aprendidas sobre a relação entre educação e saúde cerebral, e, como você verá ao longo deste livro, nunca é tarde para desenvolver seu cérebro. Então, se você não terminou os ensinos fundamental, médio, superior, ou o que seja, é fantástico que você esteja lendo este livro! Você está tomando uma ação decisiva agora para investir no seu plano de previdência cerebral de modo a compensar o passado. Se, por outro lado, você tem uma sólida formação educacional, parabéns! Continue aprendendo, porque ainda não vimos um ponto em que o retorno se torne decrescente.

10. Lesão cerebral

A lesão cerebral pode ocorrer de várias formas: uma pancada na cabeça causando uma concussão ou lesão mais séria, um AVC, certos medicamentos, convulsões, e assim por diante. Não desejo contribuir para o pânico coletivo em relação às concussões. Uma concussão não é uma sentença de demência. No entanto, qualquer tipo de trauma cerebral pode corroer sua reserva cognitiva. Pode esgotar seu fundo de células e mover seu portfólio de plano de previdência cerebral para mais perto do limiar da demência, o que significa que, se você tiver um AVC mais tarde ou tiver Alzheimer crescendo em seu cérebro, sua resistência pode ser menor. Isso parece bastante deprimente, então deixe-me também dizer que, ao ler este livro e fazer os exercícios, você pode trabalhar para compensar quaisquer perdas potenciais no seu plano de previdência cerebral, a fim de afastar seu portfólio do limiar.

Além disso, lembre-se de que adicionei lesão cerebral à lista. Ela não se mostrou um fator de risco importante na revisão da *Lancet Commissions* (Livingston et al., 2017), o que significa que, estatisticamente, os outros itens apresentados são uma preocupação muito maior para a maioria das pessoas. Dito isso, use um capacete ao andar de bicicleta ou nos muitos novos patinetes e *skates* motorizados, ok?

Autoavaliação do portfólio do plano de previdência cerebral

Anteriormente neste capítulo, você estimou seu portfólio do plano de previdência cerebral, agora vamos dedicar um momento para avaliar como você está investindo ou deduzindo desse portfólio. Esta autoavaliação não foi cientificamente validada, e é importante lembrar-se de que os profissionais não podem quantificar a reserva cognitiva de ninguém nesse momento. Este é um exercício de autoconsciência, com o objetivo de ajudá-lo a estabelecer as metas que você buscará ao longo da leitura.

1. Pratico atividade física (caminhada, corrida, dança, etc.):
    a. Diariamente ou quase todos os dias.
    b. Três a quatro vezes por semana.
    c. Uma a duas vezes por semana.
    d. Cerca de uma vez por semana.
    e. Cerca de uma vez por mês.
    f. Nunca.

2. Fumo:
    a. Não.
    b. Sim.

3. Tenho diabetes que controlo:
    a. Não tenho diabetes.
    b. Muito bem.
    c. Razoavelmente bem.
    d. Não muito bem.
    e. Mal.

4. Meu trabalho ou vida me faz aprender coisas novas:
   a. Diariamente.
   b. Semanalmente.
   c. Mensalmente.
   d. Trimestralmente.
   e. Nunca.

5. Meu nível de estresse é:
   a. Totalmente controlado porque medito todos os dias.
   b. Não tão ruim; medito algumas vezes por semana.
   c. Razoável; tento relaxar.
   d. Não é ruim; relaxo com meus amigos tomando *drinks*.
   e. Alto, muito alto; como é a sensação de relaxar?

6. Hipertensão:
   a. Nunca tive uma medida de pressão alta na vida.
   b. Não fui diagnosticado com pressão alta.
   c. Tomo meu medicamento para pressão diariamente e monitoro bem meus números.
   d. Tomo meu medicamento para pressão diariamente, mas não sei, de fato, o quão bem está funcionando.
   e. Acho que meu médico mencionou isso uma ou duas vezes, mas não costumo tomar meu medicamento regularmente.

7. Minha experiência com depressão é:
   a. Nunca fico deprimido.
   b. Tive alguns problemas, mas estou trabalhando nisso; não me sinto triste há um tempo.
   c. Fico deprimido cerca de uma vez por ano.
   d. Estou sempre deprimido.

8. No meu tempo livre, meus passatempos são principalmente:
   a. Ler, montar quebra-cabeças, resolver desafios intelectuais.
   b. Assistir à TV.
   c. Jogar *Candy Crush*.
   d. Beber no bar.

9. Minha rede de apoio social é:
   a. Solidária.
   b. Companheiros de bebida.
   c. Estressante.
   d. Inexistente — sou solitário.

10. Meu sono é:
    a. Ótimo! Minha cabeça toca o travesseiro todas as noites e durmo 8 horas seguidas, sem interrupções.
    b. Razoável. Em geral durmo de 7 a 8 horas, com talvez algumas interrupções uma ou duas vezes por semana.
    c. Mais ou menos. Geralmente fico acordado por cerca de 1 ou 2 horas cada noite.
    d. Não é bom. Realmente tenho dificuldades com o sono.
    e. Durmo bem quando tomo meu alprazolam (ou algo similar, incluindo antialérgicos).

11. Meu índice de massa corporal (IMC; peso em relação à altura) está na faixa de:
    a. Peso saudável.
    b. Sobrepeso.
    c. Obesidade (IMC 30-35).
    d. Obesidade mórbida (IMC 35+).

12. Minha dieta é:
    a. Rica em peixes e vegetais de baixo índice glicêmico e pobre em gorduras saturadas.
    b. Basicamente constituída de vegetais e proteínas magras, com saídas da dieta ocasionais.
    c. Basicamente constituída de vegetais e proteínas magras, com saídas da dieta quase diárias.
    d. Principalmente constituída de carne e batatas.
    e. Os quatro grupos alimentares: salgadinhos, biscoitos, doces e refrigerantes.

13. As pessoas reclamam da minha audição:
    a. Nunca.
    b. Às vezes.
    c. Sempre.
    d. Não tenho certeza; não consigo ouvi-las.

14. Já sofri:
    a. Nenhuma concussão.
    b. Uma concussão leve em que ou não perdi a consciência ou a perdi apenas momentaneamente.
    c. Uma lesão cerebral moderada a grave em que perdi a consciência por vários minutos ou fiquei muito desorientado e ainda não consigo lembrar de alguns eventos antes e depois do ocorrido.
    d. Uma lesão cerebral moderada a grave mais de uma vez.
    e. Mais concussões do que posso contar.

15. Meu nível de escolaridade é:
    a. Doutorado.
    b. Mestrado.
    c. Bacharelado/licenciatura (graduação de quatro anos).
    d. Alguma faculdade, mas sem diploma.
    e. Ensino médio completo.
    f. Mais do que o ensino fundamental, mas não concluí o ensino médio.
    g. Menos do que o ensino fundamental.

Eis como funciona a pontuação desta avaliação: cada resposta tem um valor de pontos: a = 1, b = 2, c = 3, e assim por diante. Depois de atribuir uma pontuação para cada item, some todos para obter uma pontuação total.

RESULTADOS DA PONTUAÇÃO

15-30 pontos: você está indo muito bem. É provável que esteja gostando deste livro porque ele apoia e confirma muito do que você já está fazendo certo. Acho que você vai gostar de aprender mais sobre os detalhes do que está fazendo certo e, como a maioria dos grandes realizadores, provavelmente também está em busca de maneiras de continuar melhorando. Continue o bom trabalho!

31-50 pontos: você tem algum trabalho a fazer. Na maior parte, você está no caminho certo, mas sua pontuação total indica que há alguns fatores de risco escondidos. Bom trabalho por ser honesto. Continue dizendo a verdade enquanto trabalha neste livro.

51-70 pontos: estou muito feliz que você esteja aqui. Se fizer metade dos exercícios deste livro, terá feito uma diferença. Seu risco de demência não parece muito animador. Parte do risco de uma pessoa vem do histórico familiar, mas muito vem do estilo de vida, e acho justo dizer que seu estilo de vida o coloca em um risco bastante alto. Mas você pode mudar! Seja gentil consigo mesmo. Considere obter ajuda de seu médico ou outro profissional. Faça o trabalho. Você consegue!

Só para você saber, Cindy marcou 48 pontos. Ela tem algum trabalho a fazer.

Anote alguns planos iniciais para lidar com seus ativos tóxicos e melhorar seu investimento no plano de previdência cerebral.

Plano de Cindy: Não acho que estou perdendo a audição, mas meus filhos estão reclamando um pouco. Talvez eu pergunte ao meu médico sobre isso. Graças a Deus terminei o ensino médio. Mas quando foi a última vez que aprendi algo novo? Vou procurar me inscrever em um curso de jardinagem. Hmm... Será que minha tontura é por causa da pressão arterial? Ela estava um pouco alta ultimamente. Vou perguntar ao meu médico sobre isso também. Parece que desabo à noite depois de comer *pretzels* cobertos de chocolate. Vou parar de comprá-los e substituir esse lanche por frutas ou nozes.

Seu plano: _____

_____

_____

_____

_____

_____

_____

_____

Ótimo trabalho por ter passado por todas essas coisas difíceis. Não é fácil encarar essas realidades desagradáveis. Agora, vamos fazer a transição para algumas maneiras mais positivas de investir ativamente em seu plano de previdência cerebral.

5

DESENVOLVA UM CÉREBRO MAIS RESILIENTE POR MEIO DA NEUROPLASTICIDADE

Acabamos de revisar a reserva cognitiva e os fatores que a esgotam. Neste capítulo, focaremos no desenvolvimento da sua reserva cognitiva por meio da neuroplasticidade. A neuroplasticidade é o "como" por trás do "o quê" da reserva cognitiva, ou do investimento no plano de previdência cerebral.

Quando a teoria da reserva cognitiva estava surgindo, a maioria dos neurocientistas ainda acreditava que o cérebro adulto era fixo e rígido. Portanto, muito do foco inicial foi colocado na minimização das perdas do plano de previdência cerebral. As mães diziam: "Não bata a cabeça; essas são todas as células cerebrais que você terá", ou "Não beba muita cerveja; você precisará dessas células cerebrais mais tarde".

Em geral, essas recomendações ainda são válidas. É importante preservar suas células cerebrais, pois elas não se regeneram como as células da pele e dos ossos. Mas, agora, minimizar as perdas é apenas metade da história. Hoje sabemos que *você pode investir ativamente no seu plano de previdência cerebral ao longo de toda a vida*, fazendo crescer algumas novas células cerebrais e ajudando as que você já tem a construir mais conexões e a florescer.

A maioria das pessoas que ouve isso diz algo como: "O quê? Você está brincando? Como faço isso? Não temos todo o cérebro completo aos 20 anos, e é tudo ladeira abaixo a partir daí? Foi isso que me ensinaram na escola. Essa senhora perdeu completamente o juízo, o que é triste porque ela não parece tão velha. E alguém pagou a ela para escrever um livro sobre memória?". E vem a revirada de olhos.

Brincadeiras à parte, essa *é* a ciência com a qual a maioria de nós foi criada, e é assim que pensávamos sobre o cérebro adulto por décadas. Não temos certeza de por que acreditávamos nisso. Talvez fosse porque pensávamos no cérebro como um computador, rígido, e, como os computadores não podiam se adaptar ou se reconectar, o cérebro deveria funcionar assim também.

Bem, essa forma de pensar foi virada de cabeça para baixo (trocadilho intencional). Nas últimas décadas, surgiram novas evidências que agora provam que o cérebro adulto continua a crescer e mudar de maneiras positivas ao longo de toda a vida. A teoria de que estamos falando aqui é o que chamamos de "plasticidade cerebral positiva". Definida de forma simples, a plasticidade cerebral refere-se ao nosso novo entendimento de que o cérebro adulto é muito mais plástico ou maleável do que pensávamos. Neste capítulo, compartilho o que aprendemos sobre o cérebro adulto nas últimas décadas que sustenta essa teoria.

FATOS E DADOS POSITIVOS SOBRE A PLASTICIDADE CEREBRAL

Como você verá, acredito que é importante que você conheça esses dados, pois são a base sobre a qual a abordagem neurocientífica para melhorar a memória é construída. Eu me baseio nessa ciência para ajudá-lo a remodelar seu cérebro em uma impressionante máquina de memória.

1. Adultos produzem novas células cerebrais

Adultos produzem novas células cerebrais. Você sabia disso? Antes de 1998, não havia evidências de que o cérebro adulto produzia novas células cerebrais (Eriksson et al., 1998), então, em termos científicos, essa é uma informação bastante nova. A produção de novas células cerebrais é chamada de "neurogênese".

Por que ficamos no escuro sobre esse fato por tanto tempo? Bem, uma razão é porque você não produz muitas delas, e elas só crescem em uma pequena região do cérebro, que é dentro e ao redor do hipocampo. Isso significa que elas não estão crescendo por toda a parte. Se você perder as células cerebrais que controlam sua perna esquerda, por exemplo, *não* produzirá novas células cerebrais lá.

Há mais a aprender sobre a função dessas novas células cerebrais "bebês", mas o fato de que elas só crescem dentro e ao redor do hipocampo sugere que desempenham um papel importante na formação de novas memórias, um fato que você está capitalizando ao trabalhar neste livro. Muitas das estratégias apresentadas aqui visam a ajudá-lo a produzir mais dessas novas células cerebrais, pois é possível influenciar essa taxa. Você também pode influenciar quanto tempo elas permanecem e quanto elas o ajudam.

A descoberta dessas células cerebrais adultas envolve uma história interessante sobre pessoas que sobreviveram ao câncer por meio de radioterapia e, depois, doaram seu tecido cerebral após a morte (Eriksson et al., 1998).

A produção de novas células cerebrais não tem nada a ver com câncer ou radioterapia. O tratamento de radiação simplesmente permitiu aos cientistas encontrarem essas novas células cerebrais bebês. Isso porque, quando seu corpo passa por radioterapia, algumas das informações genéticas em suas células (o RNA) se tornam "transformadas" ou recodificadas. A partir desse ponto, quando novas células nascem, elas contêm essa nova codificação genética (um pouco como a aranha radioativa muda o DNA do Homem-Aranha). Essa recodificação do RNA permite que os cientistas usem um corante radioativo que só se ligará às células que têm essa nova codificação genética, células que nasceram após a radioterapia. Os cientistas usaram esse corante para procurar novas células no tecido cerebral e descobriram essas células dentro e ao redor do hipocampo, mas em nenhum outro lugar (Eriksson et al., 1998). Alguns dos doadores do estudo tinham mais de 80 anos quando receberam a radioterapia, sugerindo que produzimos essas novas células cerebrais ao longo de toda a vida. Incrível, não é?

Chamamos esse processo de produção de novas células cerebrais de "neurogênese". Acho que é uma das descobertas mais interessantes sobre o cérebro no último século. Espero que o Dr. Eriksson e sua equipe ganhem o Prêmio Nobel. Além disso, desde então, aprendemos que o crescimento dessas células cerebrais não é um fenômeno passivo. Você pode intervir e exercer controle sobre o processo, o que eu lhe ensinarei mais à medida que você avança neste guia.

ROIR: neurogênese

Redigir. O que é neurogênese? Como a descobrimos? (Parafraseie; use suas próprias palavras.)

_____
_____
_____
_____
_____
_____

Teste rápido. Novas células cerebrais crescem em todo o cérebro? _____

Organizar. Coloque sua definição em alguns tópicos.

- _____
- _____
- _____

Imaginar. Desenhe uma imagem relacionada à neurogênese.

Revisar. Pratique repetidamente seus tópicos ou sua imagem, ou até mesmo visualize seus tópicos.

2. As células se reconectam

A plasticidade cerebral não se resume apenas ao crescimento de novas células cerebrais. Essas células crescem apenas em uma pequena parte do cérebro e não se renovam. Se a neurogênese fosse toda a história da plasticidade cerebral, provavelmente não estaríamos tão empolgados. Outra parte importante dessa história é que as células cerebrais que você tem desde o nascimento também crescem e mudam com base em como você as utiliza.

Células que disparam juntas se conectam

Já nas décadas de 1930 e 1940, um cientista chamado Donald Hebb demonstrou que neurônios e células nervosas podem se reconectar quando são estimulados em sincronia (induzidos a disparar juntos). Hoje, chamamos isso de "lei de Hebb", que essencialmente afirma que *células que disparam juntas se conectam*. Qualquer tipo de impulso nervoso ou atividade cerebral cria uma carga elétrica (disparo), e, quando nervos e neurônios disparam ao mesmo tempo, eles se conectam entre si. Portanto, a lei de Hebb explica que a forma como você usa seu cérebro determina como ele está conectado (ao longo de toda a sua vida).

Você pode se questionar por que estamos chamando isso de uma nova forma de pensar sobre o cérebro, já que sabíamos disso desde a década de 1940. Boa pergunta. Você talvez não saiba, mas a ciência pode ser política. A carreira da maioria dos cientistas envolve subir na hierarquia de poder, sendo um dos pontos mais altos tornar-se editor de uma revista científica. Você não recebe a honra de se tornar editor sem alguma influência política. Todo esse "apadrinhamento" pode levar a uma cultura de "pensamento de grupo", na qual muitas ideias inovadoras são descartadas ou ignoradas, especialmente se algo novo desafia o *status quo* e o trabalho de seus colegas.

Após a Segunda Guerra Mundial, o campo da neurociência floresceu. Foi a era em que o QI e os testes cognitivos foram desenvolvidos. Durante esse período, os cientistas estavam focados em localizar habilidades específicas em regiões específicas do cérebro. Assim, eles não podiam, ou não queriam, considerar a ideia de que o cérebro poderia se remodelar ou se reconectar. Isso os deixava perplexos, "não combinava", então o campo emergente da plasticidade cerebral, impulsionado pelo Dr. Hebb, entrou na idade das trevas por mais de quatro décadas.

Norman Doidge (2007) fornece um relato eloquente dessa batalha épica entre o que ele chama de "localizacionistas" (os cientistas dominantes dedicados a entender quais partes do cérebro eram responsáveis por qual função) e aqueles que desafiavam essa noção em seu livro *The Brain That Changes Itself*. Esse livro também inclui exemplos surpreendentes e inspiradores de pessoas remodelando seu cérebro e fazendo recuperações incríveis de derrames e outras condições.

Editores de revistas influentes se recusaram a publicar estudos que usavam o termo "plasticidade cerebral" até que outro pioneiro, Michael Merzenich, surgiu em meados da década de 1980. O Dr. Merzenich apresentou evidências de células cerebrais se reconectando que eram tão convincentes que os editores não podiam mais se recusar a publicar artigos incluindo o termo "plasticidade". Ele fez isso ao mapear quais células cerebrais individuais respondiam a cada dedo da mão de um macaco e, então, observou o que acontecia com a atividade dessas células quando ele removia a entrada nervosa para o cérebro. Inicialmente, aquelas que perderam a entrada pararam de disparar, mas, com o tempo, elas voltaram a funcionar, respondendo à estimulação dada aos dedos vizinhos (Merzenich et al., 1984).

Esses estudos provocaram uma grande mudança na neurociência. Desde então, aprendemos como esse processo de reconexão acontece, que se faz através de células desenvolvendo mais sinapses e conexões se fortalecendo.

A mecânica da reconexão celular

Existem algumas maneiras pelas quais as células se reconectam (Nicoll 2017).

1. **Aumento da densidade sináptica.** Os neurônios que você tem desde o nascimento podem desenvolver mais conexões entre si, um processo chamado de aumento da densidade sináptica. Eles fazem isso crescendo novos ramos receptores (chamados de dendritos) para alcançar e se conectar a mais neurônios. Isso é como *networking* empresarial, em que você trabalha para construir seus contatos e formar novas conexões.

2. **Sinaptogênese.** Na extremidade desses ramos, o neurônio também pode desenvolver mais pontos de conexão (chamados de sinapses); isso é chamado de sinaptogênese.

3. **Potenciação de longo prazo.** No local de uma sinapse específica, a célula receptora se remodela para ser mais responsiva às células que lhe enviam sinais, um processo chamado de potenciação de longo prazo (LTP, do inglês *long-term potentiation*). Ela desenvolve mais locais receptores para aumentar as vias pelas quais as outras células podem contatá-la. Isso é como fazer um novo amigo. No início, você troca números de telefone e começa a trocar mensagens, e, então, conforme se familiariza mais, você se conecta no Facebook, e assim por diante.

A plasticidade, no entanto, ocorre em ambas as direções, então se uma via ou conexão não está sendo usada, as conexões diminuirão. "Use-o ou perca-o" é real. Na própria sinapse, isso é chamado de depressão de longo prazo (LTD, do inglês *long-term depression*; o oposto de LTP); a célula receptora retira o novo local receptor se as células pararem de se comunicar. Isso é como silenciar ou desfazer a amizade com alguém no Facebook que você não vê ou com quem não fala há algum tempo.

O uso da palavra "depressão" aqui não é o mesmo que depressão clínica ou humor em baixa. É mais uma linguagem neurocientífica para "o oposto de potenciação", um desgaste. No entanto, sabemos que a LTD pode ser acelerada pela depressão clínica (Andrade e Kumar Rao 2010), então é importante abordar isso também.

ROIR: reconexão celular

Redigir. Como as células cerebrais se reconectam? (Parafraseie; use suas próprias palavras.)

_____

_____

_____

Organizar. Coloque sua definição em alguns tópicos.

- _____

- _____

- _____

Imaginar. Desenhe uma imagem relacionada à reconexão celular.

Revisar. Pratique repetidamente seus tópicos ou sua imagem, ou até mesmo visualize seus tópicos.

3. Regiões cerebrais assumem novas funções

Com o avanço da tecnologia de escaneamento cerebral, podemos observar a mudança de atividade em todo o cérebro à medida que as pessoas aprendem novas habilidades. Por exemplo, se está aprendendo uma nova habilidade, como dar uma tacada de golfe, durante o processo de aprendizagem, você está ativando seu córtex pré-frontal porque está pensando, analisando e tentando lembrar. Mas, à medida que sua habilidade avança, sua atividade cerebral geral na verdade diminui, e não aumenta. Isso ocorre porque a atividade se move do seu grande córtex pré-frontal para os núcleos da base, o local de sua memória de procedimentos no meio do cérebro, que é mais eficiente e requer menos atividade em geral (Doyon e Benali, 2005).

Também podemos observar regiões do cérebro assumindo funções totalmente novas. No final da década de 1990, um grupo de pesquisadores quis ver quais partes do cérebro eram ativadas quando estimulavam as pontas dos dedos de pessoas que nasceram com deficiência visual e podiam ler Braille (Sadato et al., 1996). Alguns dos resultados foram o que eles esperavam. As áreas das pontas dos dedos no "córtex somatossensorial" (a seção da cobertura externa do cérebro que decodifica sensações físicas vindas através do corpo), que os localizacionistas haviam identificado décadas antes, foram ativadas. Contudo, surpreendentemente, algumas outras partes do cérebro também foram ativadas. A maior surpresa foi que havia atividade no lobo occipital (na parte de trás do cérebro), pois anteriormente se pensava que essa região era inteiramente dedicada a decodificar a entrada de luz nos olhos e nada mais. Esse estudo provou que uma região do cérebro que se pensava estar rigidamente conectada aos olhos agora estava sendo ativada pela entrada das pontas dos dedos, o que significa que ela assumiu uma nova função em virtude de a pessoa aprender Braille, algo que nunca se pensou ser possível antes de entendermos que o cérebro poderia se reconectar.

4. Regiões e vias cerebrais ficam maiores

Um dos primeiros estudos a mostrar que regiões cerebrais ficam maiores por meio da aprendizagem examinou um grupo de elite de taxistas em Londres. Na década de 1990, um grupo de pesquisadores se perguntou se poderia haver algo diferente no cérebro desses motoristas, que devem completar um processo de aprendizado de três a quatro anos para adquirir o que eles chamam de "o conhecimento". É tão rigoroso que 75% das pessoas que se inscrevem para o aprendizado desistem. O conhecimento é a maneira mais rápida de ir do ponto A ao ponto B no labirinto louco de ruas no centro de Londres.

Os pesquisadores compararam exames de ressonância magnética cerebral dos taxistas, dos motoristas de ônibus que seguiam uma rota predeterminada e dos motoristas comuns que dirigiam para si mesmos. Eles mediram o tamanho de várias estruturas cerebrais e descobriram que a ponta traseira do hipocampo, uma região que se pensava estar associada à memória espacial, era maior nos taxistas.

Você pode pensar — e esta é uma boa crítica — "Bem, é possível que os taxistas tenham nascido assim", que é o que a maioria das pessoas acreditava no auge da genética; *ter aquela parte do cérebro maior era a característica que permitia às pessoas terem sucesso no programa de treinamento*. Então, os pesquisadores foram inteligentes e acompanharam uma turma de novos recrutas, medindo seu cérebro antes e depois do aprendizado de três a quatro anos (Woolett e Maguire, 2011). Nas pessoas que não se inscreveram para o aprendizado ou desistiram, a parte de trás do hipocampo permaneceu do mesmo tamanho, mas, naquelas que o completaram, a região cresceu cerca de 30%. Isso forneceu algumas das primeiras evidências para mostrar que o cérebro estava crescendo e mudando com base na experiência.

Agora, você não precisa largar seu emprego e se mudar para Londres para se tornar um desses taxistas para aumentar o tamanho do seu cérebro, embora muitas pessoas tenham considerado fazer isso por volta de 2011. Felizmente, desde então, aprendemos que um crescimento semelhante ocorre toda vez que você domina uma nova habilidade, e pode acontecer muito mais rápido. Vimos evidências de vias de conexão entre regiões do cérebro (especificamente, entrando e saindo da parte frontal) crescendo após uma pessoa praticar uma técnica de treinamento de memória visual por apenas oito semanas (Engvig et al., 2012).

Com base nessas evidências, ao praticar as habilidades e os exercícios de memória neste livro, você também pode fazer seu cérebro crescer, o que não apenas o ajudará a aumentar seu investimento em seu plano de previdência cerebral e reduzir seu risco de demência no futuro, mas também o beneficiará em curto prazo, tendo um melhor desempenho no trabalho, sendo um pai mais atento ou alcançando qualquer um dos outros objetivos que você estabeleceu no início deste livro.

ROIR: regiões do cérebro aumentam e assumem novas funções

Redigir. O que você aprendeu sobre regiões do cérebro que aumentam, vias que crescem por meio da experiência e partes do cérebro que se pensava serem fixas assumindo novas funções? (Certifique-se de parafrasear.)

_____
_____
_____
_____

Organizar. Coloque sua definição em alguns tópicos.

- _____
- _____
- _____

Imaginar. Desenhe uma imagem relacionada às regiões do cérebro aumentando e assumindo novas funções.

Revisar. Pratique repetidamente seus tópicos ou sua imagem, ou até mesmo visualize seus tópicos.

REDE DE CONTROLE COGNITIVO

Aqui está o ponto. Você não pode esperar que seu cérebro mude se estiver deitado no sofá jogando *Candy Crush*. Pesquisas de imagem cerebral funcional revelaram duas redes cerebrais que são consistentemente ativadas: uma quando estamos engajados em uma tarefa (rede de controle cognitivo) e outra quando estamos "descansando" ou "desengajados" (rede de modo padrão).

A rede de modo padrão (DMN, do inglês *default mode network*; Raichle et al., 2001) parece ser responsável pela atividade cerebral relacionada a devaneios e pensamentos sobre si mesmo, o modo que você esperaria que sua mente entrasse se estivesse deitado dentro de um tubo de ressonância magnética e fosse instruído a "não fazer nada". Você pode imaginar como isso funciona, certo? Gosto de descrever isso como estar meio "para trás", como quando você se inclina para trás ou olha para cima enquanto sonha acordado. Além disso, a maioria das estruturas envolvidas na DMN está mais para trás no seu cérebro.

Tire um momento para sonhar acordado e "não fazer nada" e anote algumas coisas sobre como a DMN "é sentida" por você.

A rede de controle cognitivo (CCN, do inglês *cognitive control network*; Niendam et al., 2012) está mais à frente, envolvendo mais os lobos frontais. Ela envolve foco, concentração e engajamento. Pense também em como você se senta e olha quando está engajado em algo; você provavelmente tende a se inclinar para a frente.

Você provavelmente esteve na CCN durante a maior parte deste capítulo. Tire um momento para anotar algumas informações sobre como essa rede é "sentida" por você.

Não parece que muita plasticidade cerebral positiva ocorra no modo padrão, exceto talvez algum ensaio de memória e visualização para o futuro. Em geral, na DMN, você está executando *scripts* antigos e fazendo coisas habituais, como alinhar os quatro doces vermelhos para fazer um doce listrado, a menos que esteja visualizando seu futuro (Schacter et al., 2012).

Engajar a rede de controle cognitivo, no entanto, parece promover a plasticidade cerebral mais positiva. Por muitas décadas, antes mesmo de sabermos sobre essas redes, havia evidências crescentes de que o engajamento é fundamental para o crescimento de novas vias cerebrais e para mudar o cérebro. Engajar-se e focar parece fornecer a novidade e o desafio necessários para ajudar a moldar novas vias e modificar seu cérebro (Han, Chapman e Krawczyk 2018).

CURVA DOSE-RESPOSTA

Ainda não existem regras rígidas sobre quanto tempo de prática de uma nova habilidade é necessário para mudar o cérebro. Vimos mudanças cerebrais documentadas em que as pessoas praticaram uma nova habilidade por apenas 25 minutos por dia, cinco dias por semana, durante oito semanas (Engvig et al., 2012). Alguns relatos da mídia alardeiam mudanças cerebrais que ocorrem mais rapidamente com menos prática. Aqui está o ponto: há muitos fatores que influenciam tudo isso. Por exemplo, sabemos que a atividade física pode acelerar rapidamente esse processo (Gradari et al., 2016), assim como a idade, o tipo de informação, a experiência anterior e os hormônios — uma série de coisas (White et al., 2013). Além disso, há toda aquela história de que são necessárias 10 mil horas de prática para se tornar um especialista em algo (Gladwell, 2008).

Lembre-se de que a plasticidade não é um processo estático. É incrivelmente dinâmico. Novamente, "use-o ou perca-o" é real. Manter as vias ativas para que não se atrofiem também faz diferença.

Grande parte da curva dose-resposta também depende do que você está tentando reconectar. No tratamento da depressão clínica, estamos começando a usar a neuroplasticidade para explicar o que acontece na psicoterapia. Ao ensinar as pessoas a limitarem pensamentos e comportamentos autodestrutivos e ajudá-las a mudar para pensamentos mais positivos, estamos reconectando seu cérebro há décadas. No entanto, as pessoas respondem a essas intervenções de maneira bastante diferente, e um fator é o quão profundamente enraizadas estão essas antigas crenças limitantes. Um caminho bem trilhado é provavelmente mais difícil de reconectar do que uma ideia nova. Todos esses fatores tornam difícil definir uma curva dose-resposta precisa para a plasticidade. O que sabemos, no entanto, é que a plasticidade raramente ocorre com uma única dose, então a prática é fundamental.

Agora que você sabe que seu cérebro pode se remodelar com base em como você o usa, vamos aproveitar esse conhecimento e começar o treinamento cerebral! Na próxima parte do livro, "As habilidades", vou guiá-lo por um roteiro baseado em neurociência para desenvolver a melhor memória da sua vida.

PARTE II

AS HABILIDADES

6
MOVA SEU CORPO PARA DESENVOLVER UM CÉREBRO MAIOR

Não é segredo que ser mais ativo faz bem. Tenho certeza de que isso não é uma surpresa. A atividade física (ou a temida palavra "exercício" — ui!) é frequentemente chamada de a panaceia mais eficaz, mais acessível e mais subutilizada para praticamente todos os males, desde doenças cardíacas até diabetes, depressão e, sim, problemas de memória. Ainda assim, muitos de nós não praticamos exercícios o suficiente. Por quê? Resistimos, resistimos, resistimos.

Este capítulo trata de como a atividade física pode ajudar seu cérebro e sua memória. Apresentarei algumas das novas e empolgantes pesquisas que mostram como movimentar seu corpo ajuda seu cérebro.

Não quero sobrecarregá-lo com uma série de "deveres". Não quero que você se sinta envergonhado pelo seu nível de atividade, pois a vergonha é paralisante. Quero inspirá-lo, e uma vez que você saiba como movimentar seu corpo é incrivelmente benéfico para sua memória e removermos alguns de seus bloqueios mentais, acredito que você estará por aí se mexendo como nunca antes.

Ouça, eu entendo a resistência. Certamente, há momentos em que abandono minha rotina de atividade física e me torno sedentária demais. As consequências não são apenas físicas, mas também mentais. Fico mal-humorada e confusa, perco coisas e até tenho dificuldades com conversas, agora que estou na casa dos 40 anos. Quando admito que entrei nessa fase, uso os exercícios a seguir para tentar sair dela. Meu objetivo aqui é ajudá-lo a desenvolver a motivação, a coragem e o apoio necessários para colocar seu corpo em movimento, enquanto absorve todos os benefícios para o cérebro (e o corpo). Mas, primeiro, vamos entender o que tem impedido você.

RAZÕES PELAS QUAIS ODEIO/NÃO POSSO FAZER EXERCÍCIOS

Agora, vamos falar sobre resistência. Todos temos razões para não nos movimentarmos mais, seja asma, paralisia, dor crônica, um joelho ruim ou simplesmente resistência mental. Use as linhas a seguir para listar todas as razões pelas quais você não se exercita regularmente. Forneci algumas categorias para ajudar a estimular "razões", caso você fique sem ideias.

Você pode descobrir, por meio deste exercício, que algumas dessas "razões" são, na verdade, pensamentos automáticos e autodestrutivos como "Não tenho energia" ou "As pessoas vão olhar para a minha bunda na academia". Não se censure aqui. Não se julgue. Todos temos esses pensamentos. É importante que você os capture. Por quê? Você pode achar contraproducente se expor a tanta negatividade, mas é essencial que tenha acesso a esses pensamentos negativos porque você já os está gerando. Quando não os percebe, eles têm um poder tremendo sobre você. Seu cérebro os aceita automaticamente como 100% verdadeiros, mas, se os apreende, então pode ter poder sobre eles. Você tem escolha sobre o quanto os aceita como verdadeiros, o que aposto que, na maioria dos casos, é menos de 100%, e isso é uma melhoria significativa.

Minhas "razões" para não ser mais fisicamente ativo

Razões iniciais (liste as primeiras coisas que vêm à sua mente, como "Não tenho tempo"):

_____   _____

_____   _____

Razões físicas (p. ex., asma, joelho ruim, problema cardíaco):

_____   _____

_____   _____

Razões de identidade (p. ex., "Exercício é para pessoas magras e babacas", "Exercício pode desencadear meu transtorno alimentar" ou "Não me encaixo na academia"):

_____   _____

_____   _____

Falta de sucesso (p. ex., "Nunca persisto", "Nunca chego a lugar nenhum", "Sempre desisto" ou "Não estou motivado"):

_____   _____

_____   _____

A CIÊNCIA: POR QUE A ATIVIDADE FÍSICA É PROVAVELMENTE A MELHOR COISA QUE VOCÊ PODE FAZER PELO SEU CÉREBRO

Uma ótima maneira de se motivar é entender a ciência. Do ponto de vista da neurociência, movimentar o corpo parece ser a melhor maneira de melhorar a memória e o cérebro. Temos evidências experimentais sólidas, tanto em animais quanto em humanos, mostrando que, quando você é fisicamente ativo, muitas coisas positivas acontecem em seu cérebro. A atividade física ajuda você a desenvolver um cérebro maior (sim, eu disse maior), mais forte e uma memória mais forte. Aqui estão sete maneiras pelas quais a atividade física ajuda seu cérebro e sua memória.

1. O que é bom para o coração é bom para o cérebro

No início da compreensão sobre reserva cognitiva, ou plano de previdência cerebral, a atividade física foi um dos primeiros comportamentos de estilo de vida a ser associado a pessoas com cérebro maior. No começo, os cientistas não entendiam completamente a ligação, e, inicialmente, muitos presumiram que os benefícios cerebrais estavam relacionados aos bem conhecidos benefícios cardiovasculares do exercício. O que é bom para o coração é bom para o cérebro, e isso ainda é muito verdadeiro. Seu cérebro depende muito do seu coração. As células cerebrais precisam de um fluxo sanguíneo constante para permanecerem vivas porque não podem armazenar sua própria energia. Você pode cortar a circulação para o braço e ficar bem por um tempo, mas, se não houver fluxo sanguíneo para o cérebro, as células começam a morrer em questão de 3 a 5 minutos. Portanto, é lógico que se envolver em atividade física e fortalecer seu coração e seu sistema vascular proporciona benefícios importantes para seu cérebro, e isso é verdade.

2. Desenvolva mais vasos sanguíneos

Falamos muito sobre a plasticidade do cérebro, mas você sabia que sua vasculatura também é plástica (mutável)? Quando você é mais fisicamente ativo, está bombeando sangue para as extremidades de sua vasculatura e, como resultado, desenvolve mais vasos sanguíneos, particularmente nas pontas capilares. Isso amplia o suprimento sanguíneo para o cérebro, uma vez que mais vasos o estão alimentando, entregando mais oxigênio e açúcar que suas células cerebrais precisam para funcionar e permanecer vivas. Essa expansão da vasculatura também é útil se uma pequena artéria que alimenta o cérebro ficar bloqueada por um coágulo sanguíneo ou alguma placa em suas artérias (um derrame cerebral ou AVC). Ao ser mais fisicamente ativo e desenvolver mais ramificações de vasos sanguíneos, as células alimentadas por aquela artéria bloqueada têm uma chance melhor de sobreviver porque, ao se exercitar, você desenvolveu um suprimento sanguíneo "alternativo" que não existiria de outra forma.

3. Desenvolva mais células cerebrais

Ser fisicamente ativo ajuda você a desenvolver mais daquelas novas células cerebrais sobre as quais falamos no Capítulo 5. Como você deve se lembrar, *adultos desenvolvem novas células cerebrais*, um processo que chamamos de "neurogênese". Contudo, tenha em mente que você não desenvolve muitas delas, então precisa manter as que tem. No entanto, o que é ainda mais empolgante, é que você pode controlar e ajudar nesse processo movimentando seu corpo. Desenvolver mais células cerebrais é especialmente importante para a memória porque, como você também deve se lembrar, essas novas células cerebrais só crescem dentro e ao redor do principal centro de memória do cérebro, o hipocampo (Figura 6.1). Assim, elas parecem desempenhar um grande papel em ajudá-lo a formar novas memórias de longo prazo. Então, se você quer dar um impulso à sua memória,

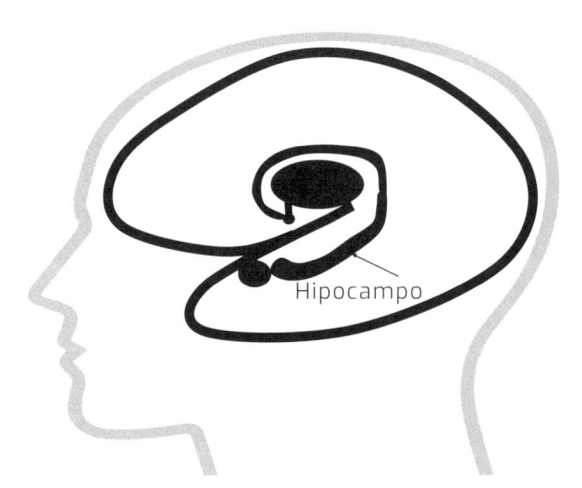

FIGURA 6.1. A neurogênese — o crescimento de novas células cerebrais na idade adulta — ocorre apenas dentro e ao redor do hipocampo. Pessoas mais fisicamente ativas desenvolvem mais desses novos neurônios.

movimente seu corpo para desenvolver mais células cerebrais no centro de memória explícita do cérebro.

4. Aumento dos fatores de crescimento nervoso

Além de produzir mais células cerebrais quando você pedala, corre, caminha, nada ou pratica qualquer outra atividade física, sabemos que seu corpo também produz substâncias químicas muito importantes utilizadas no crescimento e na reconexão das células cerebrais. Essas substâncias são chamadas de "fatores de crescimento nervoso". Muitos as descrevem como um fertilizante para as células cerebrais. Sem esses compostos químicos, as células do cérebro e do corpo não crescem. São proteínas que auxiliam o tipo de "sinalização" que as células precisam realizar para crescer e mudar. Elas ajudam a estimular o crescimento de novas células cerebrais e auxiliam as novas células recém-formadas a se desenvolverem em novos neurônios, ativando os sinais de "crescimento" necessários para esse processo. Também ajudam as células cerebrais que você tem desde o nascimento a realizar as atividades de reconexão que descrevi no Capítulo 5, sinalizando para que desenvolvam novas sinapses ou conexões entre si.

Existem muitos tipos diferentes desses fatores de crescimento nervoso. Dois recebem mais atenção: o fator neurotrófico derivado do cérebro (BDNF, do inglês *brain-derived neurotrophic factor*), que faz parte de uma classe de substâncias químicas chamadas de neurotrofinas, responsáveis por grande parte da sinalização de crescimento descrita anteriormente, e o fator de crescimento semelhante à insulina 1 (IGF-1, do inglês *insulin-like growth factor*), que trabalha com o hormônio do crescimento para construir seu corpo e cérebro. Por algum tempo, pensou-se que as atividades cardiovasculares levavam ao aumento da produção de BDNF, enquanto o treinamento de força promovia o IGF-1, mas essa questão ainda pode estar em aberto. De qualquer forma, parece que a melhor abordagem em relação ao exercício é fazer o que os médicos têm nos dito há décadas: realizar regularmente uma variedade de atividades tanto cardiovasculares quanto de fortalecimento.

5. Desenvolva um cérebro maior

Outro benefício empolgante da atividade física é que ela pode proporcionar um cérebro maior (Erickson, Leckie, e Weinstein, 2014; Neth et al., 2020). Estudos longitudinais (nos quais as pessoas são acompanhadas ao longo do tempo; Erickson et al., 2010) mostram que adultos mais velhos que caminham pelo menos 1,6 km por dia têm mais substância cinzenta (uma coleção mais volumosa de corpos celulares de neurônios) em áreas importantes, como o córtex pré-frontal (o local onde você organiza informações para se lembrar delas melhor). Também temos evidências experimentais sólidas em humanos mostrando que a atividade vigorosa aumenta o hipocampo, o protagonista de nossa história (Erickson et al., 2011). A evidência experimental é o melhor tipo de evidência, pois nos permite afirmar que uma coisa causou outra: nesse caso, o exercício causou um hipocampo maior.

Essa descoberta, de que o exercício leva a um cérebro maior, merece uma história. Há cerca de uma década, cientistas realizaram um estudo no qual dividiram igualmente um grupo de mulheres na casa dos 60 anos em dois grupos para um programa de exercícios (Erickson et al., 2011). Os dois grupos completaram um programa de exercícios de 1 hora, três vezes por semana, durante um ano. Um grupo realizou exercícios de alongamento e tonificação, ao passo que o outro participou de uma aula de caminhada vigorosa, na qual basicamente marchavam no lugar por 1 hora, o que equivalia a uma caminhada de cerca de 3 km. Os pesquisadores mediram o tamanho dos hipocampos das participantes para ver o que aconteceria ao longo do ano. O que descobriram foi que, no grupo de alongamento e tonificação, o hipocampo encolheu cerca de 1,5%, que é a taxa normal de redução para mulheres nessa idade (o que, por si só, é desanimador). A boa notícia é que, no grupo de caminhada vigorosa, o hipocampo *cresceu* 2%.

Os autores do estudo concluíram que a atividade vigorosa "reverte de um a dois anos de perda de volume [cerebral] relacionada à idade", uma conclusão que considero muito inspiradora. Movimentar o corpo está ao alcance de todos. Talvez você precise comprar um novo par de tênis, mas, fora isso, o que o impede?

Uma advertência rápida: embora seja importante manter sua rotina de atividade física, o aumento do hipocampo é mais dramático durante aquela fase "do sofá para os 5 km". Pessoas que já são bastante ativas fisicamente, quando começam esses tipos de experimento, não mostram esses efeitos, aparentemente porque seus hipocampos já estão volumosos. Além disso, ainda há muito a aprender sobre o como e o porquê por trás de todas essas mudanças de crescimento cerebral. Ainda não temos certeza dos mecanismos exatos por trás do aumento da substância cinzenta. Na maioria das partes do cérebro, o crescimento *não ocorre* porque você está obtendo mais células cerebrais, já que elas só crescem no hipocampo e ao redor dele. Nossa melhor suposição nesse momento é de que os fatores de crescimento nervoso, aumentados pela atividade física, permitem que as células cerebrais que você tem desde o nascimento fiquem maiores, desenvolvendo mais ramificações de conexão (especificamente mais dendritos, brotando mais ramificações dendríticas, como um arbusto ou uma árvore).

6. Ative sua resposta de relaxamento

Você aprenderá mais sobre o papel do estresse em seu cérebro e sua memória mais adiante. Por enquanto, deixe-me apenas dizer que o oposto da "resposta de lutar ou fugir" (as sensações corporais que você sente quando está assustado ou com raiva) é o que chamamos de "descansar e digerir". É um estado de calma e, na maioria dos casos, resulta em melhor foco no momento presente e melhor memória em longo prazo.

Quando você está fisicamente ativo, digamos, correndo ou caminhando rapidamente, seu corpo está no estado de luta ou fuga. Isso é bom. Você está queimando os hormônios do estresse e colocando sua resposta ao estresse no propósito que a natureza pretendia: fugir de um predador. Preocupar-se não faz isso; faz com que você produza mais hormônios do estresse. A parte mais interessante da atividade física é que, quando você termina de correr, caminhar ou qualquer outra coisa que tenha feito para aumentar sua frequência cardíaca, seu corpo automaticamente entra no estado de descanso e digestão, permitindo que você fique calmo e focado. Trata-se do mesmo estado que você sente depois de ter meditado ou recebido uma massagem incrível. Junto às endorfinas (morfina ou opioides que seu corpo produz) obtidas com o exercício, esse rebote de descansar e digerir é uma grande parte do motivo pelo qual sentimos bem-estar depois de terminar uma atividade física.

7. Lembre-se melhor das coisas agora

E, finalmente, o resultado que você estava esperando. Não é ter uma memória melhor agora uma das principais razões pelas quais você está lendo este livro? Bem, a atividade física faz isso por você também. Sei que estou começando a soar como um anunciante comercial: "Mas espere! Tem mais". Porém, não estou inventando isso. Experimentos mostram que, se você se exercitar antes de aprender algo novo, lembrará melhor. Provavelmente porque seu cérebro está preparado para a aprendizagem. Você produziu uma ou duas novas células cerebrais e inundou seu cérebro com fatores de crescimento nervoso, então a memória pode entrar.

Essas sete razões me convenceram a acreditar que ser mais fisicamente ativos é provavelmente a melhor coisa que podemos fazer pelo nosso cérebro e pela nossa memória (Sng, Frith, e Loprinzi, 2018). Então, aqui está minha regra geral. Quando você estiver considerando se deve ou não investir seu tempo, dinheiro e energia em uma atividade de condicionamento cerebral, como palavras cruzadas ou jogos cerebrais *on-line*, pergunte a si mesmo: "Estou fazendo isso em detrimento de movimentar meu corpo?". Sei que todos nós experimentamos evitação. Acredite, estou com você. Faço coisas em detrimento de movimentar meu corpo o tempo todo, mas essa pergunta é uma grande parte do que me mantém motivada a movimentar meu corpo com a maior frequência possível.

Faça você mesmo o desafio da memória

Este exercício exige que você esteja pronto para se movimentar e tenha um cronômetro. Você pode usar o aplicativo de relógio do seu celular.

A seguir, estão duas listas de compras diferentes. Você estudará cada lista por um minuto e depois escreverá os itens de memória nos espaços ao lado delas (obviamente, você precisará cobrir a lista com a mão, um papel ou sua xícara de café para não trapacear). Não é necessário escrever os itens na mesma ordem; apenas escreva quantos conseguir. A única diferença entre a primeira e a segunda lista é que você memorizará e recordará a primeira antes de fazer 15 minutos (ou mais) de alguma atividade física (um vídeo de exercícios, uma caminhada, marcha no lugar, sua corrida habitual ou aula de hidroginástica, etc.) e fará a segunda lista depois do seu treino.

LISTA 1: CALCE OS TÊNIS, MAS FAÇA ISSO PRIMEIRO

Está com os tênis calçados? Certo, então, antes de se movimentar, estude esta lista de palavras por apenas 1 minuto — configure um cronômetro. Quando o tempo acabar, cubra a lista e escreva quantas palavras conseguir lembrar. Não trapaceie. Seja honesto consigo mesmo.

Bananas
Laranjas
Vagem
Salmão
Cuscuz
Pão
Queijo suíço
Bolo de aniversário

LISTA 2: APRENDA ENQUANTO ESTÁ SUADO

Pois bem, agora que você se exercitou, tente o desafio de memória novamente com a lista a seguir. Assim como antes, estude esta lista de palavras por apenas 1 minuto — configure um cronômetro. Quando o tempo acabar, cubra a lista e escreva quantas palavras conseguir lembrar. Não trapaceie. Seja honesto consigo mesmo.

Maçãs

Uvas

Salada verde

Frango

Arroz integral

Pães

Queijo *cheddar*

Biscoitos

Como foi? Notou alguma diferença?

_____
_____
_____
_____

Os benefícios da atividade física

Agora que você teve a oportunidade de aprender mais sobre a ciência, reserve um tempo para marcar todos os benefícios de ser mais fisicamente ativo que se aplicam a você.

- ☐ Ter mais energia
- ☐ Ter uma cintura mais fina
- ☐ Ter músculos mais fortes
- ☐ Melhorar a postura
- ☐ Reduzir o açúcar no sangue
- ☐ Reduzir a pressão arterial
- ☐ Ter mais confiança
- ☐ Melhorar o humor
- ☐ Ser mais gentil com amigos e família
- ☐ Ter um coração mais forte
- ☐ Ter pulmões mais fortes
- ☐ Ter um cérebro maior
- ☐ Reduzir o impacto do estresse no corpo
- ☐ Melhorar a aparência com as roupas
- ☐ Aumentar a reserva cognitiva
- ☐ Usar "aquela calça" novamente
- ☐ Ser mais ativo com as crianças
- ☐ Manter-se mais móvel
- ☐ Manter-se mais independente
- ☐ Reduzir incapacidades
- ☐ Aliviar a tensão muscular
- ☐ Acalmar as preocupações
- ☐ Ter atividades divertidas para fazer com amigos
- ☐ Fazer parte de uma equipe

- ☐ Aumentar o oxigênio para o cérebro
- ☐ Promover o crescimento de mais células cerebrais
- ☐ Liberar endorfinas (morfina natural)
- ☐ Lidar melhor com o estresse
- ☐ Ter menor risco de demência
- ☐ Aprender algo novo (como pingue-pongue, dança, melhor padrão de caminhada)
- ☐ Reduzir o risco de quedas (isso protege sua cabeça)
- ☐ Sentir-se bem por cuidar de si mesmo
- ☐ Melhorar a memória

NOVOS MOTIVOS PELOS QUAIS QUERO SER MAIS FISICAMENTE ATIVO

Agora, quero que você refine a lista de benefícios com seus 3 a 5 principais motivos pelos quais deseja ser mais fisicamente ativo. Esses são seus "porquês", e é importante *mantê-los por perto*. Por isso, quero que os escreva duas vezes: uma vez aqui no livro e novamente em um pedaço de papel que você possa colocar em um lugar que verá com frequência. Isso se tornará seu "lembrete imperdível". Cole-o no espelho do banheiro ou acima da cafeteira, em qualquer lugar visível diariamente. Além disso, escrevê-lo duas vezes equivale à repetição, outra estratégia importante de memória.

MEUS PORQUÊS

_____
_____
_____
_____

QUAIS ATIVIDADES VOCÊ GOSTA DE FAZER?

Quais atividades físicas você gosta de fazer? Talvez você esteja pensando: "Nenhuma", e isso é normal. Uma boa maneira de começar é pensar nas atividades das quais você gostava no passado, talvez até na infância. Entendo que nem sempre é viável fazer as mesmas coisas que fazia quando criança, mas isso pode servir como um bom ponto de partida para sua reflexão. Por exemplo, se você adorava correr quando criança, pode fazer longas caminhadas. Se era ginasta, dançarino ou líder de torcida, pode colocar uma música e dançar na sala de estar.

Se você tem uma deficiência física, lembre-se de que ser mais fisicamente ativo é muitas vezes viável, talvez apenas necessite de um fisioterapeuta. Ele pode ajudar a modificar sua atividade para que seja segura e alcançável, bem como auxiliar na aquisição de equipamentos adaptados, como uma bicicleta reclinada de três rodas ou máquinas de exercícios para uso em casa.

O objetivo principal do próximo exercício é estar completamente aberto à alegria que certas atividades proporcionam. Não se julgue ou se censure enquanto trabalha no *checklist* e nos espaços para reflexão. Tente se conectar com seu desejo e alegria para encontrar maneiras de ser mais fisicamente ativo e ajudar sua memória.

Listei algumas ideias para começar. Esta lista não é exaustiva, então, se houver coisas de que você gosta ou gostava no passado que não estão mencionadas, escreva-as nos espaços a seguir.

Atividades que você gosta ou gostava de fazer

Marque todas que se aplicam a você.

- ☐ Natação
- ☐ Ciclismo
- ☐ Corrida
- ☐ Caminhada
- ☐ Dança
- ☐ Boliche
- ☐ Futebol
- ☐ Futebol americano
- ☐ Líder de torcida
- ☐ Vôlei
- ☐ *Softbol*/beisebol

- ☐ Basquete
- ☐ Ioga
- ☐ *Tai chi*
- ☐ Luta
- ☐ Levantamento de peso
- ☐ Treinamento funcional
- ☐ Aeróbica
- ☐ Máquina elíptica
- ☐ Simulador de escada
- ☐ Afundos e agachamentos
- ☐ Abdominais/flexões

- ☐ Brincar no parquinho
- ☐ Balançar
- ☐ Pular corda
- ☐ Boxe
- ☐ Pilates
- ☐ Tênis/handebol/ *squash*/*pickleball*
- ☐ Pingue-pongue/tênis de mesa
- ☐ Bocha
- ☐ Bilhar

Outras:

_____ _____ _____

_____ _____ _____

_____ _____ _____

DE QUANTO EXERCÍCIO VOCÊ PRECISA?

As pessoas me perguntam o tempo todo: "Quanto exercício físico eu preciso fazer então?". Com base no que sabemos até agora, não parece haver um ponto de retorno decrescente quando se trata dos benefícios da atividade física para o cérebro. Quanto mais você faz, melhor. Maratonistas parecem colher muitos benefícios, especialmente no que diz respeito à produção de novas células cerebrais. Mas, por favor, *não se machuque*. Não tome isso como uma necessidade de começar a correr maratonas, a menos que realmente queira e possa. Você não precisa se exercitar ao extremo, pois cada pequeno esforço conta.

Em termos de proteção contra a demência, considere caminhar de 9 a 14 km por semana, se possível, como uma base importante para sua atividade física (Erickson et al., 2010). Em um estudo com pessoas na faixa dos 70 anos, acompanhadas por nove anos, aqueles que caminhavam de 9 a 14 km por semana (72 quarteirões) eram menos propensos a desenvolver demência durante esse período (eles também tinham um cérebro maior). Você também pode usar a recomendação geral de pelo menos 10 mil passos por dia como base e se monitorar com um pedômetro, como um Fitbit.

Se você tem uma deficiência física que lhe impede de alcançar esses marcos, recomendo que consulte um fisioterapeuta e peça exercícios que possam aumentar sua frequência cardíaca. Estou confiante de que isso pode ajudar, e é provável que o plano de saúde cubra. Maior atividade física é alcançável em qualquer idade, com qualquer tamanho de corpo e com qualquer nível de habilidade.

METAS

É uma boa ideia definir algumas metas de atividade física, mas uma meta sem um plano é apenas um desejo. Em seguida, você vai definir algumas metas, começando com as de longo prazo até seu passo inicial "sem grandes problemas". Isso o ajudará a criar um plano. *(Você também pode baixar uma cópia deste exercício na página do livro em loja.grupoa.com.br.)*

Metas de longo prazo

Isso se assemelha mais a uma visão. Feche os olhos por um minuto e pense em você daqui a 20 ou 30 anos. (Se você já tem 80 ou 90 anos, pode reduzir alguns anos, se preferir.) Imagine que manteve os hábitos de vida que tem agora nas últimas duas ou três décadas. Como você se vê? O que está fazendo? Como está sua mobilidade? E sua memória?

Cindy escreveu: Ah, não gosto do que vejo. Estarei quase tão velha quanto minha mãe está agora, e não tenho certeza se estou envelhecendo tão bem quanto ela. Ela costumava caminhar todos os dias. Meu cérebro vai virar uma papa total se eu não fizer algo logo, além de ficar toda encurvada.

Anote algumas observações sobre como é a sua visão.

___

Se essa visão não for tão positiva, vamos ajustá-la um pouco. Como você gostaria que fosse? O que gostaria de estar fazendo? Imagine o melhor resultado possível. Você está energizado. Você é capaz. Você está se lembrando das coisas.

Cindy escreveu: Se eu começar a caminhar algumas vezes por semana, posso ter mais energia, e meu cérebro pode funcionar melhor. Vou tentar aquela promoção no trabalho, assim talvez eu possa me aposentar um pouco mais cedo e jogar golfe.

Anote algumas observações sobre a sua visão revisada.

___

O que você precisa começar a fazer agora para se aproximar dessa segunda visão e se afastar da primeira?

Cindy escreveu: Tênis novos, um plano; vou colocar horários de caminhada no meu calendário, procurar aulas de ioga e talvez aulas de golfe.

Anote suas ideias.

___

Excelente. Essa visualização é um primeiro passo importante para seu plano. Agora, precisamos começar a pensar em algumas etapas de ação, e definir algumas metas de médio prazo também ajuda. Esses marcos o auxiliam a avançar em sua jornada. Além disso, se você é do tipo que precisa de uma recompensa (uma "cenoura"), então certifique-se de anotar algumas recompensas para si mesmo ao atingir essas metas de curto e médio prazos. Às vezes, alcançar as metas já é uma recompensa suficiente, mas isso pode não ser suficiente para todos.

Metas de médio prazo

Seja para completar uma corrida beneficente de 5 km, como a Caminhada para Acabar com o Alzheimer, dançar em um casamento ou exibir alguns músculos novos, ajuda ter algumas metas de médio prazo para mantê-lo motivado. Você pode pensar nessas metas como "cenouras" enquanto conduz seu "eu-tartaruga" a mover seu corpo. Além disso, certifique-se de anotar a recompensa — pode ser a camiseta da corrida, as fotos do casamento ou até mesmo algo mais tangível, como chocolate ou dinheiro.

"Em 6 a 12 meses, quero ser capaz de…"

Cindy escreveu: Participar de uma aula de ioga inteira fazendo a maioria dos movimentos e ser capaz de jogar nove buracos de golfe e me divertir.

Sua meta: _____

_____

_____

_____

_____

Recompensa de Cindy: Aquele novo taco de golfe que tenho olhado *on-line*.

Sua recompensa: _____

_____

_____

_____

_____

Metas de curto prazo

Pode ser muito difícil manter a motivação se sua única "cenoura" estiver a 6 a 12 meses de distância, então vá em frente e anote algumas metas de curto prazo para o próximo mês ou dois. Esses são alguns passos de curto prazo para levá-lo às suas metas de médio e longo prazos, como trabalhar para caminhar uma determinada distância, marcar um determinado número de dias em que você faz sua atividade, e assim por diante. Identifique uma recompensa para si mesmo também; não precisa ser sofisticada, apenas motivadora.

"Em 1 a 2 meses, quero ser capaz de..."

Cindy escreveu: Ir à aula de ioga sem temer e registrar três caminhadas por semana como se fosse normal.

Sua meta: _____

_____

_____

_____

_____

Recompensa de Cindy: Um novo conjunto de roupas de ioga.

Sua recompensa: _____

_____

_____

_____

O passo inicial sem grandes complicações

O maior obstáculo na definição de metas é que muitas vezes elas são muito ambiciosas, então as pessoas perdem a motivação rapidamente. Então, agora é sua chance de apenas começar. Eu chamo isso de "passo inicial sem grandes complicações". Qual é o primeiro pequeno passo que você precisa dar em direção à sua meta de curto prazo? Qualquer que seja esse passo, pergunte a si mesmo:

"Posso fazer isso sem resistência?". Se não, reduza pela metade. Se ainda não conseguir fazer isso sem resistência, reduza pela metade novamente. Continue reduzindo até chegar ao seu "passo inicial sem grandes complicações". É quando você diz a si mesmo: "Ah, isso não é nada demais. Posso fazer isso".

"Vou dar esse passo inicial sem grandes complicações para me mover em direção à minha meta, seja agora, mais tarde hoje ou amanhã…"

Cindy escreveu: Vou deixar meu tênis e minhas roupas de caminhada ao lado da cama.

Seu passo inicial sem grandes complicações: _____

_____

_____

_____

OBTENHA ALGUM APOIO

Você não precisa fazer tudo isso sozinho. Na verdade, é mais provável que tenha sucesso se envolver alguns aliados em sua jornada de atividade (em qualquer jornada, na verdade, mas vamos focar na tarefa em questão). Se você já experimentou algumas quedas, então o próximo passo é provavelmente ainda mais crucial, pois pode já ter pessoas cuidando de você. É compreensível se você se sentir tímido ao pedir ajuda, especialmente se sentir que os outros já estão fazendo muito por você, mas quero que se esforce para fazer isso.

Sua equipe de incentivo

Nos espaços a seguir à esquerda, escreva os nomes de algumas pessoas que podem apoiá-lo enquanto você aumenta sua atividade física e, no lado direito, anote a ação específica que gostaria que elas realizassem por você. Por exemplo, se precisar contratar um *personal trainer* ou começar a fisioterapia, escreva o nome do profissional à esquerda (você pode escrever o nome da empresa ou apenas "treinador" por enquanto, se ainda não conhecer um pessoalmente) e depois a ação à direita, como "guiar-me nos exercícios três vezes por semana". Se quiser começar a caminhar mais e souber que seu amigo ou vizinho pode estar disposto a ser seu companheiro de caminhada, coloque o nome dele à esquerda e "caminhar pelo bairro nas manhãs de segunda e sexta-feira" à direita. É um *brainstorming*, então você não precisa ter todos os detalhes ainda, mas tente ser o mais específico possível. Você está estabelecendo uma intenção. Não precisa ser perfeito, mas os detalhes ajudam.

Nome da pessoa que irá ajudar você a se mover mais	O que essa pessoa fará

Imagino que você nunca tenha considerado a atividade física como a primeira de muitas estratégias para melhorar sua memória. Espero que agora o motivo de ser a número um na lista esteja claro. Esse entendimento pode fornecer mais motivação para aumentar sua atividade. Se ainda tiver dificuldades com a motivação, isso é compreensível. Talvez, ao praticar alguns dos exercícios deste capítulo, a motivação continue a crescer. Agora, vamos explorar ainda mais maneiras de melhorar sua memória.

7

APRENDA COISAS NOVAS

A segunda habilidade para desenvolver uma memória melhor é aprender coisas novas. Isso se relaciona bem com a movimentação do corpo, pois é uma importante "parte 2" da história sobre o crescimento de novas células cerebrais. Neste capítulo, explicarei a neurociência por trás da importância crucial de aprender coisas novas para melhorar a memória, além de algumas estratégias para facilitar essa aprendizagem.

A CIÊNCIA POR TRÁS DA APRENDIZAGEM DE COISAS NOVAS

Lembra-se daquelas células cerebrais recém-formadas durante sua caminhada? Elas não se tornam neurônios instantaneamente. Essas células cerebrais jovens começam como células-tronco, aquelas células mágicas que podem se transformar em qualquer célula do corpo (Gould et al., 2000). Para se tornarem novos neurônios, as células-tronco precisam ser "treinadas" e receber uma função. Isso significa que devem ser estimuladas por neurônios vizinhos já existentes para se tornarem neurônios também. Não se esqueça de que novas células cerebrais crescem apenas no hipocampo e ao redor dele, não em todo o cérebro, e o hipocampo é onde você codifica suas novas memórias explícitas de longo prazo para fatos e eventos. Portanto, para estimular essas células, o que você precisa fazer? Precisa usar seu hipocampo, ativá-lo, deixá-lo em ação criando memórias e aprendendo algo novo. Caso contrário, elas morrem...

Se não houver ativação ou criação de memórias, se essas células-tronco não forem estimuladas, treinadas e receberem uma função, então as células cerebrais jovens são "reabsorvidas pelo sistema" (Gould et al., 2000). Essa é apenas uma maneira gentil de dizer que elas morrem. Então, se você quer que as novas células cerebrais jovens que gerou enquanto dançava, nadava ou corria permaneçam e o ajudem, é melhor que também dedique algum tempo aprendendo coisas novas.

Se estiver sempre fazendo as mesmas coisas, não estimulará o hipocampo ou as novas células-tronco da mesma maneira. Quando coisas novas se tornam hábitos antigos, a atividade cerebral se desloca da região do hipocampo para os núcleos da base, onde não crescem novas células cerebrais (Poldrack et al., 2001).

Vamos fazer uma pausa. Acabei de apresentar informações neurológicas complexas. Como você está assimilando isso? Anote alguns pensamentos e reações aqui.

_____

_____

_____

MAIS DO QUE APENAS JOGOS CEREBRAIS

Nos primeiros estudos sobre reserva cognitiva, o engajamento intelectual, juntamente às atividades física e social, era um dos principais preditores de maior reserva. Essa descoberta lançou o campo do "treinamento cerebral" no início da década de 2000. Uma indústria inteira de empresas de *software*, como a Lumosity e a Posit Science, surgiu, impulsionada por intensos temores em relação ao Alzheimer. Envolvi-me cedo no campo do treinamento cerebral, mas logo percebi que muitos elementos importantes da saúde cerebral estavam sendo negligenciados na busca por "balas de prata" ou "pílulas mágicas" (Marx, 2013), que muitas pessoas acreditavam que eram esses jogos cerebrais.

Não pretendo criticar os esforços de treinamento cerebral, mas você deve saber que as alegações iniciais de *marketing* desses produtos rapidamente foram além das pesquisas. As empresas promoviam seus jogos cerebrais para prevenir a demência sem comprovação científica. A Lumosity foi multada pela Federal Trade Commission em 2016 por publicidade enganosa (Underwood, 2016), e revisões científicas subsequentes mostraram que o *software* de treinamento cerebral tem eficácia limitada na prevenção da demência (Livingston et al., 2017). Não acho que haja muito prejuízo em jogar jogos cerebrais, a menos que você os esteja jogando em detrimento de movimentar seu corpo e aprender coisas novas.

As pessoas frequentemente me perguntam: "Devo fazer sudoku ou palavras cruzadas?". Minha resposta é: "Depende". Os componentes essenciais de qualquer atividade de desenvolvimento cerebral são *"novidade, variedade e desafio"* (Fernandez e Goldberg, 2009). A *novidade* fornece a estimulação necessária ao hipocampo, onde crescem as novas células cerebrais. A *variedade* é importante porque você precisa de todas as suas habilidades cerebrais para funcionar no dia a dia. Se fizer apenas palavras cruzadas (uma tarefa verbal), mas nada para estimular as partes visual ou matemática do cérebro, desenvolverá apenas uma habilidade (como fazer flexões de bíceps apenas com o braço esquerdo). Se permanecer em sua zona de conforto e *não se desafiar*, seu cérebro permanecerá exatamente como está e declinará com a idade. Se você faz sudoku ou jogos cerebrais para relaxar, adormecer ou descontrair, duvido que eles estejam ajudando a desenvolver sua reserva cognitiva. O segredo está em aprender uma variedade de coisas novas que o desafiem. Você está fazendo isso agora. Também pode fazê-lo assistindo a palestras TED, aprendendo histórias sobre seus amigos, estudando música, viajando para novos lugares, ajudando uma criança com o dever de casa, experimentando uma nova receita, adotando um novo hábito saudável e coisas do tipo.

O QUÊ: FAÇA SUA LISTA DE DESEJOS CEREBRAIS

Quais são algumas coisas que você deseja aprender? Aposto que você tem uma lista mental de assuntos que sempre quis "explorar" ou "conhecer melhor". Talvez queira se aprofundar em algum período histórico ou ler literatura clássica. Ou aprender *design* de interiores, um novo idioma, tricô ou como fazer um suflê. Pode ser que sua novidade seja começar a fazer palavras cruzadas, ou, se já é adepto delas e "não é bom com números", experimentar o sudoku. Talvez queira iniciar uma nova atividade física, como golfe, *pickleball* ou dança em grupo. Se está preocupado com o custo de um novo *hobby*, poderia fazer um curso de educação financeira para desenvolver as "vias de gestão financeira" do seu cérebro. Como parte desse processo, economizaria para uma viagem ao exterior. Viajar é uma ótima maneira de aprender coisas novas e pode fornecer a motivação necessária para realmente querer estudar outro idioma.

Dedique alguns momentos para sonhar com sua lista de desejos cerebrais e anote suas ideias a seguir. Seja qual for sua escolha, não inclua coisas que pareçam obrigações. Você simplesmente não vai gostar delas. Ninguém "precisa" aprender um novo idioma para ter um cérebro melhor. Se algo que você escolher tiver um toque de "dever" (p. ex., algo que não lhe interessa muito, mas parece uma boa ideia), reformule como "Eu gostaria", porque, no fim das contas, é uma escolha.

Sua lista de desejos cerebrais

O PORQUÊ: AJA PARA APRENDER COISAS NOVAS

Esclarecer por que você quer fazer as coisas da sua lista de desejos cerebrais pode ajudá-lo a se sentir mais conectado ao objetivo e aumentar sua motivação.

Coloque em prática sua lista de desejos cerebrais

Escolha um ou dois itens da sua lista de desejos cerebrais e siga este plano para implementá-lo.

1. Item da lista de desejos cerebrais escolhido: _____

2. Por que você quer tentar essa nova atividade? (Seja específico e inclua algum sentimento. A atividade o ajuda a se conectar a uma lembrança agradável — praticar espanhol para relembrar aquela viagem à Espanha ou ao México — ou a se conectar com outras pessoas em sua vida, como um clube do livro ou aula de culinária?):

_____
_____
_____
_____

3. Benefícios (o que você espera obter ao aprender essa novidade):

_____

_____

_____

_____

4. Do que você precisa para começar (inscrever-se em um curso, fazer um curso de segurança para paraquedismo, etc.):

_____   _____

_____   _____

_____   _____

5. Quando planeja tentar a nova atividade (seja específico — coloque em sua agenda):

_____

_____

_____

_____

(Você pode baixar cópias adicionais deste formulário na página do livro em loja.grupoa.com.br.)

O COMO: ESTRATÉGIAS DE CODIFICAÇÃO FACILITAM A APRENDIZAGEM DE COISAS NOVAS

A maneira como você aprende as novidades da sua lista de desejos cerebrais pode variar bastante. Às vezes, o aprendizado já está embutido no item, como fazer um curso. Outras vezes, ele ocorre quase por osmose, como em viagens. Independentemente da atividade, aprender coisas novas sempre pode ser apoiado pelo conhecimento e pela prática de algumas estratégias básicas de memória. Portanto, vamos mudar um pouco o foco agora e dedicar o restante deste capítulo a aprender e praticar algumas estratégias adicionais de memória que o ajudarão a realizar os itens da sua lista.

Nos capítulos anteriores, você usou muito o ROIR para ajudá-lo a aprender toda aquela neurociência maluca enquanto estabelecíamos a base para as sete habilidades deste livro. Como o ROIR foi desenvolvido para ajudá-lo a aprender coisas novas com mais facilidade, quero revisitá-lo e exercitar algumas de suas estratégias para auxiliar você a usá-lo com mais fluência e eficiência. Utilizar o ROIR para aprender coisas novas ajuda a treinar suas células cerebrais recém-nascidas para que se tornem membros plenamente contribuintes da sua sociedade neuronal. O ROIR é como uma faculdade para suas células cerebrais bebês. Espero que, ao usar essas estratégias de memorização, você tenha mais sucesso de memória em sua vida diária e realize os itens da sua lista de desejos cerebrais de forma mais rápida e eficiente.

O exercício (assim como treinos de basquete) envolve memorizar algumas listas de palavras com o uso crescente de estratégias semelhantes ao ROIR. (Este exercício é do programa de reabilitação cognitiva CogSMART, Twamley et al., 2012; o programa completo de 10 semanas pode ser realizado com um profissional de reabilitação.) Para começar, memorize a primeira lista usando suas habilidades existentes.

Prática de aprendizagem de listas: lista 1

Estude a seguinte lista de palavras por 1 minuto (use um cronômetro). Depois, escreva-as de memória em uma folha de papel. Preparado, já!

- Falcão
- Vela de ignição
- Olmo
- Águia
- Diamante
- Calota
- Pinheiro
- Bordo
- Gavião
- Coruja
- Alternador
- Rubi
- Esmeralda
- Carvalho
- Safira
- Roda

Quantas você acertou? Escreva seu total da lista 1 aqui: _____

Excelente. Agora vamos ver se podemos melhorar seu desempenho adicionando algumas estratégias do ROIR.

Hora do teste rápido

O que significa ROIR e como se pronuncia?

ROIR soa como: _____

ROIR significa: R: _____ O: _____ I: _____ R: _____.

Se você não se lembra de todos os detalhes do ROIR, tudo bem. Pode voltar ao Capítulo 3 para refrescar sua memória. Além disso, não se sinta mal. Espero que você já saiba que a memória não é perfeita.

Organize com agrupamento

Organizar informações ajuda seus centros de memória a codificá-las melhor. O "agrupamento" é uma estratégia eficaz de organização em que você reúne informações em conjuntos, criando unidades menores para armazenamento. Estudos mostram que o agrupamento sistemático pode levar a diversos tipos de melhorias no foco e na memória, mesmo para pessoas com doença de Alzheimer em estágio inicial (Huntley et al., 2017). O acrônimo ROIR é uma forma de agrupamento, pois você memoriza quatro conceitos diferentes reunidos em uma palavra. O agrupamento também pode ser realizado ao memorizar listas de itens, às vezes chamado de categorização.

A "categorização" envolve agrupar palavras de uma lista com base em alguma característica ou categoria semelhante. É uma estratégia poderosa porque aproveita a forma natural como a linguagem é armazenada no cérebro. As palavras são armazenadas no que chamamos de "redes semânticas" (Bookheimer, 2002). "Semântico" refere-se a "palavras e seus significados", então, em uma rede semântica, palavras com características semelhantes ou em categorias similares estão naturalmente ligadas no cérebro. "Cachorro" está relacionado a "gato", que está relacionado a "rato", que, por sua vez, está relacionado a *hamster*, e assim por diante. Você pode aproveitar essa associação natural ao tentar se lembrar de coisas novas, agrupando itens semelhantes. Então, tudo o que precisa fazer é recordar a categoria, o que o levará a pensar nos itens dentro dela. Essa estratégia funciona muito bem com listas de compras; por exemplo, você pode organizar sua lista de supermercado de acordo com o departamento (hortifrúti, padaria, etc.) e corredor (produtos de panificação, cereais, etc.).

Pratique o agrupamento em sua lista de compras

Certamente, você precisa de alguns itens no mercado. Dedique alguns momentos para listar itens de que necessita; depois, você os agrupará. Não os agrupe ainda, apenas faça uma lista.

_____   _____

_____   _____

_____   _____

_____   _____

Agora, crie algumas categorias e organize sua lista de compras de acordo com esses grupos, como por corredor ou seção do supermercado: hortifrúti, laticínios, padaria, lanches, etc.

Categorias:

_____ _____ _____ _____

Itens em cada categoria:

_____ _____ _____ _____

_____ _____ _____ _____

_____ _____ _____ _____

_____ _____ _____ _____

_____ _____ _____ _____

Prática de aprendizagem de listas: lista 2

Agora é hora de memorizar a lista 2 usando suas novas habilidades de organização. Ao ler a seguinte lista de palavras, coloque-as nas categorias seguintes e depois as escreva de memória em uma folha separada.

Preparado, já!

- Gato
- Cenoura
- Brócolis
- Pão
- Esfregão
- Mangueira
- Aspargos
- Leite
- Esponja
- Ovos
- Aspirador
- Cachorro
- Pássaro
- Suco
- *Hamster*
- Cebola

Categoria 1: _____

Categoria 2: _____

Categoria 3: _____

Categoria 4: _____

Quantas você acertou? Escreva o total da lista 2 aqui: _____

Faça anotações visuais: imagine

Você já teve alguma experiência com essa etapa ao imaginar visualmente, mas quero aprimorar suas habilidades de visualização e fazer mais exercícios. Não se esqueça, estratégias de visualização são muito poderosas, uma vez que ativam seu circuito de Papez, aquele outro sistema de codificação de memória, em seu hemisfério direito, que você provavelmente não usa tanto quanto poderia (porque os humanos evoluíram priorizando a leitura, a escrita e a fala).

Instantâneo mental

Quando você está com pressa, sob pressão para aprender algo novo, um instantâneo mental pode ser muito útil. Você pode tirar instantâneos mentais de coisas, como onde colocou suas chaves, onde estacionou o carro ou o conteúdo de sua geladeira antes de sair para as compras. Você precisa parar e prestar atenção e, então, apenas tirar uma foto mental como se estivesse tirando uma foto real. Suas pálpebras podem ser o "obturador". Olhe para o objeto, tire a foto, feche os olhos e veja-o atrás de suas pálpebras.

Experimente agora. Tire um instantâneo mental da mesa em que está sentado ou da mesa lateral mais próxima. Olhe para a mesa, tire um instantâneo, veja os itens atrás de suas pálpebras e liste-os aqui:

_____   _____

_____   _____

_____   _____

_____   _____

Método da sala romana

Outra estratégia de visualização amplamente utilizada é o "método dos *loci*" ou o "método do caminho". Também já ouvi chamarem de "método da sala romana" e "palácio da memória" porque era usado pelos antigos romanos, e provavelmente pelos gregos antes deles, como estratégia para lembrar narrativas épicas antes que a leitura e a escrita se difundissem.

Agora, temos pesquisas mostrando que praticar essa técnica regularmente pode mudar seu cérebro. Em um estudo, pessoas que a praticaram por oito semanas apresentaram crescimento nas vias neurais que entram e saem do córtex pré-frontal direito (Engviv et al., 2012). Essa parte do cérebro é responsável pelo seu "olho da mente", onde você mantém informações visuais e as prepara para codificação e armazenamento.

Você pode baixar uma planilha em que o guio pelo método da sala romana para memorizar uma lista de alimentos saudáveis para o cérebro na página do livro em loja.grupoa.com.br.

Prática de aprendizagem de listas: lista 3

Para a lista 3, leia as palavras a seguir. Enquanto o faz, categorize e visualize os itens e as categorias. Faça desenhos expressivos (ganhe pontos extras se conseguir ligá-los em seus desenhos, fazendo-os interagir de alguma forma, como empilhados, agrupados, colidindo, dispostos em uma cena, etc.). Após no máximo 5 minutos, escreva os itens da lista de memória em uma folha de papel.

Preparado, já!

- Grama
- Cadeira
- Grampeador
- Cortador de grama
- Árvore
- Borracha
- Picareta
- Mesa
- Caneta
- Ancinho
- Régua
- Pá
- Flor
- Sofá
- Arbusto
- Cama

Categoria 1: _____

Categoria 2: _____

Categoria 3: _____

Categoria 4: _____

Depois de estudar suas categorias e imagens, cubra o material e escreva os itens em uma folha de papel.

Quantos você acertou? Escreva o total da lista 3 aqui: _____

Resumo do exercício de aprendizagem de listas

Como foram seus resultados?

Total da lista 1: _____   Total da lista 2: _____   Total da lista 3: _____

Você se lembrou de mais itens à medida que usou mais estratégias?

A codificação elaborada exige esforço, mas, quanto mais você pratica, mais automáticas essas técnicas se tornam. Uma memória forte não vem de uma pílula mágica; é desenvolvida por meio de estratégia, esforço e prática, o que nos leva à última estratégia do ROIR: revisar.

Revisar

Superestimamos a capacidade da memória humana, presumindo que deveríamos ser capazes de nos lembrar de tudo perfeitamente após apenas uma exposição. Se você realmente quer que sua memória atinja seu potencial, deve repetir o que deseja lembrar. Os pesquisadores da memória estudam isso observando o que chamamos de "curva de aprendizagem", que é o gráfico que resulta quando plotamos o número de itens que as pessoas acertam em cada tentativa de um teste de memória. As pessoas tendem a acertar mais itens na segunda e na terceira tentativas de um teste de memória em comparação com a primeira. À medida que envelhecem, precisam de algumas tentativas a mais para se lembrar do mesmo número de itens que pessoas mais jovens (Zimprich, Rast, e Martin, 2008). Você pode utilizar essa habilidade de repetição a seu favor.

Repita em voz alta

Uma ótima maneira de revisar novas informações é repeti-las em voz alta algumas vezes. Isso é fácil de fazer em uma conversa. Simplesmente repita o que a outra pessoa disse na forma de uma pergunta ou parafraseando. Pode parecer estranho no início, mas é possível que você já o faça naturalmente sem perceber. Se parecer estranho, encorajo-o a praticar, pois também é uma boa habilidade social. As pessoas se sentem ouvidas e compreendidas, enquanto você se lembra melhor.

Por exemplo, digamos que você esteja em Nova York e pergunte a alguém onde fica o Empire State Building. A pessoa lhe diz, e você repete: "O Empire State Building fica na esquina da Rua 34 com a Quinta Avenida, é isso?". Veja, bastante natural.

Essa é uma dica comum para se lembrar do nome de alguém que você acabou de conhecer. A recomendação padrão é tentar usar o nome três vezes em sua primeira conversa. Repita o nome quando o ouvir pela primeira vez. "Olá, Bill Smith. É ótimo conhecê-lo." Chame-o pelo nome uma vez durante o diálogo. "Você mora aqui há muito tempo, Bill?" Por fim, chame-o pelo nome novamente ao encerrar a conversa. "Bem, Bill, foi realmente ótimo conhecê-lo. Espero vê-lo em breve."

Pode parecer um pouco estranho no início se você ainda não faz isso, mas as pessoas geralmente ficam impressionadas. Não desista se esquecer o nome imediatamente. Não há problema em dizer: "Por favor, diga-me seu nome novamente; sinto muito". É provável que eles também já tenham esquecido o seu nome, não porque você não seja memorável, mas porque provavelmente não estão fazendo o mesmo esforço.

Repita para outra pessoa

Você também pode revisar contando para outra pessoa. Um método de ensino na faculdade de medicina é "Observar, fazer, ensinar". Este último passo é uma importante técnica de repetição que você pode usar em sua vida cotidiana. Recontar um fato interessante que ouviu no noticiário, uma história divertida ou uma piada é uma maneira fácil de repetir o que você quer lembrar. O que funcionará ainda melhor é repetir a história para si mesmo algumas vezes, aprimorando-a antes de contar a alguém.

Teste-se

Adquira o hábito de se testar. Por exemplo, você estaciona seu carro no quinto andar de um estacionamento. Você fez um bom trabalho prestando atenção à placa que indica em que andar está e tirou seu instantâneo mental, mas agora precisa se testar sobre o número do andar em intervalos gradualmente crescentes. Teste-se logo após olhar para o número ou logo após anotá-lo, verificando rapidamente se está certo ou errado. Acertar ajuda porque você se sente bem, dando-lhe uma pequena descarga de dopamina, seu neurotransmissor da felicidade, o que pode melhorar sua memória. Errar também ajuda porque o desapontamento pode tornar o que você está tentando lembrar mais marcante do que se acertasse.

Em seguida, teste-se a caminho do elevador. Se não anotou o número do andar, pode verificá-lo no elevador. Teste-se novamente na metade do caminho até seu destino e mais uma vez depois de se acomodar no evento. Teste-se novamente sempre que pensar nisso (p. ex., quando for ao banheiro ou quando tiver um momento tranquilo para si mesmo).

Testar-se também é uma ótima habilidade de estudo. Se você fez um esboço ou guia de estudo para uma prova, o que espero que tenha feito como parte da etapa de organização do ROIR, então, ao revisá-lo, cubra os detalhes com a mão ou uma folha de papel, revelando apenas a categoria ou o título, e tente se lembrar dos detalhes da lista sem olhar. Vamos praticar!

Faça um esboço do que aprendeu sobre a etapa revisar do ROIR. (Dica: observe as frases temáticas e anote as ideias principais.)

- _____
- _____
- _____
- _____

Estude o esboço, testando-se, cobrindo os tópicos e revelando-os apenas para verificar se está certo ou errado.

Agora que você é uma máquina de criar memórias, gerando novas células cerebrais, dando-lhes funções e aumentando seu cérebro, está pronto para passar a outras estratégias de investimento em seu plano de previdência cerebral. Continue usando o ROIR e as estratégias aprimoradas que aprendeu neste capítulo para ajudá-lo a seguir marcando itens em sua lista de desejos cerebrais; você também pode usá-las para auxiliá-lo a codificar todas as informações interessantes que virão nos próximos capítulos.

8

REDUZA O ESTRESSE PARA TER UM CÉREBRO MAIOR E COM MELHOR FOCO

Você gerou novas células cerebrais por meio da atividade física e as ajudou a se desenvolverem em novos neurônios ao aprender coisas novas. Agora, precisamos melhorar sua concentração e ajudá-lo a manter essas células cerebrais.

O ESTRESSE PREJUDICA A MEMÓRIA NO PRESENTE E NO FUTURO

O estresse é uma parte essencial da vida. Precisamos dele. Ele nos mantém seguros, mas há duas maneiras principais pelas quais o estresse interfere na memória. Em curto prazo, pode afetar sua concentração e, consequentemente, prejudicar sua memória; em longo prazo, o estresse crônico é nocivo ao cérebro, reduzindo sua reserva cognitiva. Compreender a neurociência do estresse ajudará a motivá-lo a gerenciá-lo melhor, melhorando, assim, sua concentração e sua memória e protegendo seu cérebro.

O estresse afeta sua memória ao roubar recursos importantes do cérebro pensante e desviá-los para as partes mais antigas do cérebro que o mantêm vivo. Quando sua resposta de luta-fuga-congelamento é ativada, o que descreverei em detalhes a seguir, sua atenção é compreensivelmente direcionada para as coisas que podem matá-lo. Você não precisa resolver problemas matemáticos enquanto foge de um leão. Por que isso acontece? Tudo se resume ao fluxo sanguíneo.

O cérebro humano representa apenas cerca de 2% da massa corporal total, mas consome quase 20% do suprimento sanguíneo em repouso (Rink e Khanna, 2011). Isso o torna um órgão muito ávido por energia. É tão sedento por energia que os 20% do suprimento sanguíneo que consome não são suficientes para permitir que o fluxo sanguíneo seja distribuído uniformemente por todas as partes do cérebro ao mesmo tempo. Você tem um fluxo sanguíneo basal indo para todas as partes do cérebro para manter as células vivas, mas isso não é suficiente para fornecer os recursos (oxigênio e glicose) de que os neurônios precisam para "disparar". Quando uma parte do cérebro se torna ativa (quando os neurônios começam a disparar), as células nessa região absorvem uma parte maior do fluxo sanguíneo. É assim que medimos a atividade cerebral. Uma ressonância magnética funcional (RMf), que registra a atividade cerebral em tempo real, mostra para onde todo o sangue recém-oxigenado está indo, e uma tomografia por emissão de pósitrons (PET, do inglês *positron emission tomography*) mede quais partes do cérebro estão metabolizando mais glicose (ou açúcar) do sangue (Dale e Halgren, 2001).

Duas seções importantes do cérebro humano são particularmente ávidas por energia, cada uma por razões completamente diferentes, e conhecer isso é fundamental para sua memória. A primeira delas é o córtex pré-frontal, seu "cérebro pensante", que abriga a recuperação de memória e aquelas importantes habilidades de suporte à memória, como planejamento, organização e concentração (também conhecidas como funções executivas). Ele é ávido por energia porque é relativamente ineficiente. Pense em quanta energia é necessária para se concentrar e focar; esse é seu córtex pré-frontal trabalhando.

A outra região do cérebro que precisa de muita energia é o sistema límbico, ou seu "cérebro emocional". Ele é ávido por energia para garantir sua sobrevivência. Quando o sistema límbico é ativado, ele absorve a maior parte do suprimento sanguíneo, roubando o fluxo essencial do seu córtex pré-frontal. Sei que você já experimentou como isso funciona antes, ou pelo menos provavelmente está familiarizado com os efeitos posteriores. Já perdeu uma discussão? Depois que você se afasta e seu córtex pré-frontal começa a voltar a funcionar, você pensa na *melhor resposta* possível: "Por que não pensei nisso? Ok, vou mandar uma mensagem para ele...".

Sua concentração é vulnerável ao fluxo sanguíneo drenado do seu córtex pré-frontal para o seu sistema límbico. Chamamos isso de "sequestro límbico" ou "sequestro amigdaliano" (Goleman, 1995). Quando o medo, a raiva e até mesmo a excitação entram em cena, a concentração e, consequentemente, a memória, podem ser um verdadeiro desafio.

Qual é a sua experiência com o sequestro límbico?

Pense em uma situação em que você estava tão consumido por medo, ansiedade, excitação ou outra emoção que não conseguia pensar direito. Como sua memória foi afetada?

Cindy escreveu: Na última vez que minha filha chegou em casa depois do toque de recolher, eu estava tão irritada. Tive dificuldade para argumentar e me lembrar de exemplos de quando ela não me ouviu no passado. Não conseguia encontrar as palavras. Sentia como se minha cabeça estivesse cheia de abelhas. Não conseguia ouvir normalmente. Sentia-me meio que flutuando, e meu peito doía.

_____

_____

_____

_____

O LONGO PRAZO: PRESERVANDO SEU PLANO DE PREVIDÊNCIA CEREBRAL E OTIMIZANDO INVESTIMENTOS

O estresse crônico também afeta a memória em longo prazo, reduzindo a reserva cognitiva e aumentando o risco de demência. O hormônio do estresse, o cortisol, é tóxico para as células cerebrais, matando células que você teve durante toda a vida e encolhendo o hipocampo (a fonte da codificação da memória de longo prazo; Burkhardt et al., 2015). Isso pode desgastar seu plano de previdência cerebral ao longo do tempo. Além disso, o cortisol *inibe o crescimento de novas células cerebrais* no hipocampo e ao seu redor (Cameron e Gould, 1994), dificultando o investimento ativo em seu plano de previdência cerebral.

A boa notícia é que você não precisa se livrar de todo o estresse. Na verdade, você não pode, mas é possível trabalhar para proteger seu cérebro dos efeitos prejudiciais. Para otimizar o investimento em seu plano de previdência cerebral, é uma ótima ideia seguir o que a psicóloga da saúde Kelly McGonigal (2015) recomenda, que é "lidar melhor com o estresse". Neste capítulo, você aprenderá e praticará muitas técnicas para sair do sequestro límbico, ajudar a recuperar seu foco e sua memória e proteger sua memória ao longo do tempo. Mas, primeiro, quero que você verifique seu nível de estresse.

Autoavaliação de estresse

O estresse se manifesta de várias formas. Desde traumas até eventos estressantes da vida, como mudança, perda de emprego e luto, passando por aborrecimentos diários e pensamentos, o estresse está em toda parte. Acho útil focar nos aspectos físicos e mentais do estresse, pois são estes que podemos controlar. Reserve um momento para perceber como você lida com o estresse; marque todas as opções que se aplicam a você:

- ☐ Preocupo-me muito com o futuro.
- ☐ Frequentemente cismo ou rumino sobre o passado.
- ☐ Preocupo-me com o que as pessoas pensam de mim.
- ☐ Tenho ataques de pânico.
- ☐ Evito coisas que podem me deixar ansioso.
- ☐ Fico com tensão no rosto, no pescoço ou nos ombros.
- ☐ Fico com tensão no peito, no tronco, nas costas ou no estômago.
- ☐ Tenho problemas digestivos.
- ☐ Meu coração frequentemente dispara ou bate forte sem motivo.
- ☐ Assusto-me facilmente.
- ☐ Acho difícil ficar com meus pensamentos.
- ☐ Tenho dificuldade de concentração.
- ☐ As pessoas frequentemente são cruéis comigo e magoam meus sentimentos.
- ☐ Transpiro muito.
- ☐ Percebo que prendo a respiração com frequência.
- ☐ Tenho dificuldade para dormir.
- ☐ Suspiro muito.
- ☐ Nunca expresso meu medo, minha mágoa, minha raiva ou minha tristeza.
- ☐ Reprimo meus sentimentos até explodir.
- ☐ Frequentemente me sinto sobrecarregado.
- ☐ Às vezes, tenho visão em túnel, como se fosse desmaiar.
- ☐ Sinto-me tonto ou flutuante quando estou chateado ou com medo.
- ☐ Às vezes, congelo ou me desligo, como se as "luzes estivessem acesas, mas ninguém estivesse em casa".
- ☐ Tenho um histórico de trauma.

A NEUROCIÊNCIA DO ESTRESSE

Um ótimo ponto de partida para lidar melhor com o estresse é entender a neurociência dele. Em cada lado do cérebro, você tem uma pequena estrutura em forma de amêndoa, localizada profundamente no lobo temporal, bem na frente do hipocampo, chamada de amígdala, que pode ser vista como seu "detector de medo". Ela está constantemente escaneando o ambiente em busca de coisas que possam matá-lo. Na verdade, os pesquisadores descobriram recentemente que há um caminho rápido e direto do tálamo (que chamo de Grand Central Station do seu cérebro, já que todas as informações sensoriais chegam primeiro ao tálamo antes de irem para as outras partes) até a amígdala (LeDoux, 2012); ver Figura 8.1. Isso significa que as informações sensoriais chegam à sua amígdala antes de chegarem a outras partes mais lógicas do córtex. Portanto, ela sabe quando há algo que pode matá-lo antes mesmo de você saber. Isso significa que sua "reação instintiva" é real, pois, antes mesmo de você estar ciente do que está acontecendo, sua amígdala já decidiu que algo é assustador e começou a mobilizar seu corpo para protegê-lo.

Pense em uma vez em que você reagiu automaticamente a algo. Talvez tenha pulado ao ver algo pelo canto do olho, pisado no freio do carro no trânsito ou gritado quando alguém o tocou. O que você sentiu no seu corpo? Notou algum impacto na sua concentração ou memória?

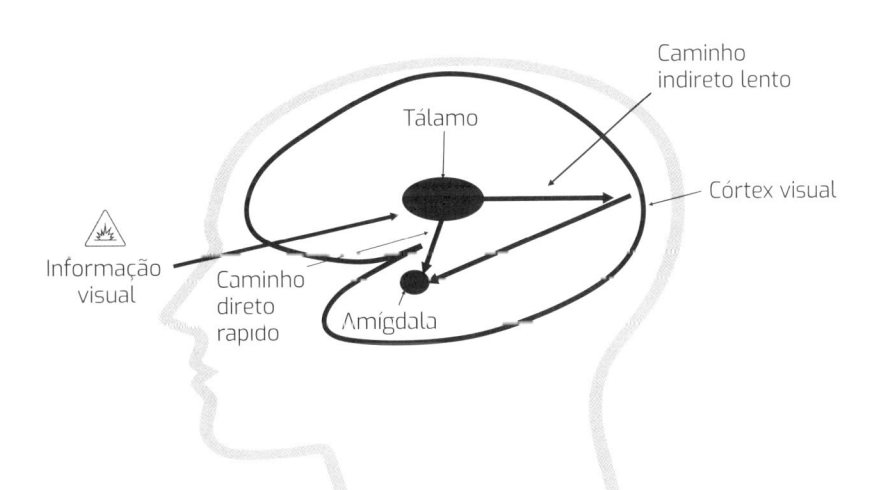

___

___

___

___

___

FIGURA 8.1. As informações sensoriais viajam do tálamo para a amígdala pelo caminho direto rápido cem vezes mais rápido do que pelo caminho indireto lento. Nesta imagem, o perigo visual é recebido primeiro pela amígdala antes de ser processado "conscientemente" pelo córtex visual, que está localizado na cobertura externa da parte posterior do cérebro e também se comunica com a amígdala.

Vamos analisar essa reação física. A amígdala aciona o eixo HPA, que é um caminho pelo qual os hormônios são enviados do hipotálamo (H) para a glândula pituitária (P) e descem até as glândulas adrenais (A), que estão no topo dos rins, desencadeando a liberação de adrenalina no corpo. A adrenalina, então, se liga a todos os seus tecidos moles (coração, intestino, pulmões, músculos, etc.) para ativar sua resposta de luta-fuga-congelamento. *Tudo isso acontece automaticamente, completamente fora da sua consciência,* tudo porque sua amígdala achou que algo ia matá-lo. Portanto, é importante que você não julgue essas respostas físicas, mas aprenda a acatá-las.

Suas sensações de estresse e o que elas significam para você

Pense em sentir seu coração acelerado, falta de ar, sensação de tremor, tontura ou calor, suor frio, náuseas ou vontade súbita de ir ao banheiro. O que essas sensações significam para você?

Cindy escreveu: Eu odeio essas sensações. Sinto que vou perder o controle.

_____

_____

_____

_____

Como você poderia reformular esse pensamento em algo mais útil?

Cindy escreveu: Essas sensações de luta-fuga-congelamento são úteis. Embora não sejam agradáveis, elas me avisam quando há algo que pode me machucar ou que me deixa com raiva ou medo. Vou usar essa informação para me proteger.

_____

_____

_____

_____

Você já se sentiu assim quando não se conseguia se lembrar de algo ou encontrar a palavra certa? Escreva sobre uma vez em que isso aconteceu recentemente e sobre o que você poderia fazer para recuperar o foco quando ocorrer de novo.

Cindy escreveu: Meu Deus! Eu começo a suar frio toda vez que não consigo me lembrar do nome de um restaurante ou algo assim. Acho que fico com medo de estar desenvolvendo demência. Eu poderia me dizer que está tudo bem e que, se eu relaxar, provavelmente me lembrarei mais tarde.

___

___

___

___

(Esta planilha também está disponível para download na página do livro em loja.grupoa.com.br.)

VOCÊ TEM MAIS CONTROLE DO QUE IMAGINA

Os primeiros anatomistas chamaram a parte do sistema nervoso que controla essas reações corporais automáticas de "sistema nervoso autônomo". Ele controla funções sobre as quais você não precisa pensar, como os batimentos cardíacos, a digestão e a respiração. Não é bom que você não precise pensar em respirar para se manter vivo?

O sistema nervoso autônomo tem duas divisões: o sistema nervoso simpático, que ativa a resposta de lutar ou fugir, e o sistema nervoso parassimpático, que faz o oposto, o que os estudantes de medicina chamam de "repousar e digerir". (O "congelamento" não é o mesmo que luta ou fuga. Na verdade, é um estado parassimpático extremo, então não falaremos muito sobre isso aqui.) Embora os primeiros anatomistas tenham dividido esses dois sistemas nervosos, é mais útil pensar neles como dois *estados* diferentes do mesmo sistema nervoso, *pois não podem estar ativos ao mesmo tempo*. Você está em modo de luta ou fuga *ou* em modo de descanso e digestão, e é útil se lembrar disso porque, assim, tem mais controle sobre seu sistema nervoso autônomo do que os primeiros anatomistas pensavam quando o chamaram de "autônomo". Você pode controlar seu sistema nervoso autônomo por meio da respiração e da tensão muscular. Se desacelerar a respiração, pode diminuir os batimentos cardíacos e baixar a pressão arterial; liberar a tensão muscular também desencadeia essa resposta de relaxamento. Fazer isso o ajudará a sair do sequestro límbico, reengajando seu córtex pré-frontal, bem como a se concentrar e a se lembrar melhor.

ANSIEDADE DE CIMA PARA BAIXO (*TOP-DOWN*), OU SEJA, PREOCUPAÇÃO E RUMINAÇÃO

O estresse automático baseado na amígdala é o que chamamos de estresse de baixo para cima (*bottom-up*). O primeiro indício de que está acontecendo pode ser notar uma mudança em seu corpo. Nós, humanos, somos únicos e especiais, uma vez que temos uma segunda forma de estresse que chamamos de estresse de cima para baixo (*top-down*).

Em seu livro *Why Zebras Don't Get Ulcers*, Robert Sapolsky (2004) explica por que as zebras não têm úlceras e nós temos, esclarecendo que a maioria das outras espécies animais tem um equilíbrio saudável entre luta ou fuga e repouso e digestão. Em geral, as zebras estão apenas relaxando, comendo grama, até que um leão aparece, o que desencadeia uma resposta saudável ao estresse, e as zebras fogem. Se o leão fica longe da vista, fica também longe da mente, e elas voltam a comer grama, digerir seu alimento, eliminar o cortisol e armazenar energia para a próxima vez que um leão aparecer.

Nós, humanos, e outros primatas sociais temos a capacidade única de ativar nossa resposta ao estresse puramente com nossos pensamentos. Isso é o que chamamos de "estresse *top-down*". Devido ao estresse de cima para baixo, muitos de nós acabamos em um estado crônico de luta ou fuga, produzindo cortisol em excesso, danificando o cérebro e limitando a memória. Diferentemente das zebras, temos dificuldade para "desligar" e voltar ao repouso e à digestão. As zebras não ficam obcecadas com o leão, mas nós, humanos, sim. Se você fosse perseguido por um leão, como reagiria? Conseguiria simplesmente voltar a comer grama, sem problemas? Duvido. Aposto que você estaria ao telefone ligando para todos os seus amigos. "Você não vai acreditar no que acabou de acontecer comigo. Quase fui comido por um leão." Essa "análise" é útil e adaptativa porque nos permite antecipar e planejar para eventos futuros terríveis. No entanto, também pode sair do controle, durante muito tempo, reativando a amígdala repetidamente, bombeando mais cortisol para o corpo e para o cérebro e causando estragos em nossa saúde.

INTERROMPENDO O SEQUESTRO LÍMBICO PARA RECUPERAR O FOCO

Felizmente, há muito que você pode fazer para interromper o sequestro límbico e restaurar seu sistema nervoso a um equilíbrio saudável. O que se segue é uma mistura de abordagens *top-down* e *bottom-up*. Sugiro que você experimente todas elas.

1. Acalme a amígdala

Acalmar a amígdala significa trabalhar para entrar em seu corpo e ajudar a eliminar a resposta de luta ou fuga quando ela não está sendo útil. Anteriormente, falamos sobre o eixo HPA, que resulta na liberação de adrenalina e cortisol pelas glândulas adrenais. Não mencionei antes, mas uma função do cortisol é viajar até o hipotálamo, sinalizando para o eixo HPA se desligar rapidamente. Todo o processo de sua amígdala perceber que algo pode matá-lo, desencadear o eixo HPA para liberar adrenalina e, em seguida, eliminar todas as substâncias químicas do seu corpo dura menos de 90 segundos (Bolte Taylor, 2006), *a menos que a amígdala reative o processo*. Portanto, seu corpo fará o necessário para retornar à homeostase, mas sua amígdala às vezes precisa ser informada para se acalmar.

Como você não pode argumentar com ela, a melhor maneira de acalmá-la é através do corpo. Respirar lentamente comunicará à sua amígdala: "Ei, temos isso sob controle. Está tudo bem. Estamos seguros. Obrigado por tentar salvar minha vida. Descanse, soldado". Respirar o ajudará a se libertar de um sequestro límbico e a recuperar seu foco para que possa se lembrar melhor.

Acalme a amígdala com respirações de quatro tempos

Reserve alguns momentos para praticar este exercício de respiração. Você simplesmente prestará atenção à sua respiração enquanto conta até quatro na inspiração e conta até quatro na expiração. O truque é permitir que a respiração controle a velocidade da contagem, e não o contrário, pois se sua respiração for curta e superficial, você contará mais rápido do que se sua respiração for lenta. Pratique 10 vezes. Como sua mente estará ocupada contando, você pode acompanhar as 10 respirações com os dedos. Vá em frente...

Como foi isso? Você notou alguma mudança em sua respiração ou em seu corpo?

_____

_____

_____

_____

2. Medite

As pesquisas sobre os benefícios da meditação para o cérebro têm crescido exponencialmente na última década. Pesquisadores, incluindo Richard Davidson, da University of Wisconsin, em Madison, têm realizado diversos experimentos interessantes analisando o cérebro de meditadores através de *scanners* de ressonância magnética, incluindo o cérebro de Sua Santidade, o Dalai Lama. Rick Hanson (2009) escreveu um livro chamado *Buddha's Brain*, no qual resume muitos dos efeitos positivos da meditação no cérebro, como o aumento do volume cerebral total (um cérebro maior), maior ativação e redução do desgaste cortical relacionado à idade no córtex pré-frontal (o "cérebro pensante") e aumento da matéria cinzenta (onde vivem os corpos celulares — provavelmente não mais células, mas um aumento da matéria cinzenta provavelmente relacionado a mais dendritos e conexões) em partes do córtex relacionadas à empatia e ao vínculo social e ao redor do hipocampo (*memória!*).

A meditação provavelmente também reconfigura a amígdala, tornando-a menos reativa e uma fonte menor de distração. Pessoas mais conscientes têm amígdalas menores (Taren, Creswell, e Gianaros, 2013), ao passo que pessoas com estresse crônico, ansiedade e depressão clínica têm amígdalas maiores (Andrade e Kumar Rao, 2010). Até o momento da escrita deste livro, nenhum estudo mostrou que você pode diminuir sua amígdala meditando, mas estou disposta a apostar que esse estudo está por vir.

Memórias em alta definição

A maneira como penso sobre a relação entre a prática da meditação com atenção plena (*mindfulness*) e a memória me lembra da época, há cerca de 15 anos, quando meu marido comprou sua primeira TV de alta definição. Éramos jovens; eu ainda estava na pós-graduação. Ele conseguiu um segundo emprego e economizou dinheiro para comprar uma grande e sofisticada TV de plasma. Ele estava tão empolgado. Instalou-a na parede, ligou-a e a imagem estava *terrível*. Ambos pensamos: "O que...?". Então ele ligou para a empresa de satélite e explicou o problema. Eles rapidamente informaram: "Ah, sim. Você está usando o sinal de definição padrão na TV. Você precisa pagar mais cinco dólares por mês para obter um sinal de alta definição". Isso foi na mesma época em que eu estava aprendendo sobre atenção plena, e pensei comigo mesma: "É isso que a atenção plena faz pela memória. Ele ajuda você a ter memórias em 'alta definição'". Quando você pratica atenção plena, absorve mais do momento presente, mais detalhes. A largura de banda é maior, então as memórias são mais ricas.

A meditação com atenção plena não é novidade. Ela existe há séculos nas culturas orientais, evoluindo para práticas budistas e tradições de ioga. Jon Kabat-

-Zinn e muitos outros "ocidentalizaram" essas antigas tradições orientais e ajudaram a desenvolvê-las em intervenções terapêuticas, como a redução de estresse baseada em atenção plena (MBSR, do inglês *mindfulness-based stress reduction*). O Dr. Kabat-Zinn define a meditação com atenção plena como "prestar atenção de uma maneira particular: intencionalmente, no momento presente e sem julgamento" (Kabat-Zinn, 1994, p. 4). Viu isso? *Prestar atenção*. Pesquisas mostraram que mesmo uma dose muito baixa de prática de meditação (quatro sessões de 20 minutos) pode melhorar a memória de trabalho e outras habilidades de função executiva (Zeidan et al., 2010). Quanto mais você está ciente do momento presente, mais você pode se lembrar. A meditação também funciona como uma das melhores formas de treinamento de atenção disponíveis hoje (Mitchell, Zylowska, e Kollins, 2015).

Vamos analisar a definição de atenção plena do Dr. Kabat-Zinn enquanto nos preparamos para praticar essa técnica.

1. *Preste atenção.* Isso é simples e direto.
2. *Intencionalmente.* Seja intencional; isso é algo que você está decidindo fazer.
3. *No momento presente.* É aqui que a "criação de memórias" acontece.
4. *Sem julgamento.* Não fique bravo consigo mesmo quando sua mente vagar, porque isso vai acontecer. Redirecione-se gentilmente de volta ao momento presente e reengaje-se — é assim que o foco funciona.

Um minuto de consciência do momento presente

Configure um cronômetro para 1 minuto. Se 1 minuto parecer demais, comece com 15 ou 30 segundos, mas desafio você a tentar 1 minuto completo. Preste atenção ao momento presente, sem julgamento; continue redirecionando seu foco de volta ao momento presente e veja como se sai.

Como foi? O que você notou? O que fez quando sua mente divagou?

_____

_____

_____

_____

Defina algumas metas de meditação

Primeiro, volte ao Capítulo 2 para consultar as metas de atenção que você identificou lá. Como tem se saído com essas metas? O que gostaria de ajustar em seu plano? Se quiser ser mais intencional sobre sua meta, que sistemas implementará para ajudá-lo com isso? Reserve um momento para escrever sobre seu plano de atenção daqui para a frente.

_____

_____

_____

_____

Que abordagem de meditação você quer praticar (p. ex., respiração em quatro tempos, consciência do momento presente, áudio guiado, etc.)?

_____

_____

_____

Meta. Com que frequência você praticará isso e por quanto tempo cada vez?

_____

_____

_____

Recompensa. Como se recompensará por alcançar sua meta? Talvez precise se subornar para fazer isso (p. ex., usando perfume ou assistindo a um programa de TV).

_____

3. Trabalhe o plano de preocupação

Preocupação e ruminação, aquelas fontes de ansiedade "de cima para baixo", são conhecidas por levar à ansiedade e à depressão, que são fatores de risco conhecidos para demência em longo prazo e prejudicam sua memória em curto prazo ao distraí-lo do momento presente. "Pensamentos de preocupação", que frequentemente incluem a frase "E se...", tendem a ser sobre o futuro e estão associados a sentimentos de ansiedade. "Pensamentos de ruminação", que frequentemente são do tipo "deveria ter, poderia ter, teria", tendem a ser sobre o passado e estão associados a sentimentos de depressão. Então, você pode ver como esses estados mentais podem prejudicar sua memória. Como diz a famosa professora de psicologia de Harvard Ellen Langer, quando as pessoas não estão presentes, "elas não estão presentes para saber que não estão presentes" (Langer, 2014).

Uma desvantagem da plasticidade cerebral (células que disparam juntas, conectam-se juntas) é que, quanto mais você se preocupa e rumina, mais provável é que você se preocupe e rumine. Quanto mais você se preocupa e rumina, mais ativa sua amígdala se torna, desencadeando sua resposta de luta ou fuga, sequestrando sua concentração e sua memória, e mais sensível sua amígdala se torna, tornando-se mais reativa e mais propensa a ser ativada (Hanson, 2009). Então, o que você deve fazer? Bem, eu tenho um plano, mas primeiro vamos capturar alguns desses pensamentos de preocupação.

Exercício de preocupação

Sobre o que você se preocupa? Liste esses pensamentos aqui (pule a coluna da direita por enquanto, depois voltaremos a ela). Você sabe que algo é um pensamento de preocupação quando começa com "E se...".

Preocupação (Escreva seus pensamentos de preocupação aqui.)	Plano (Faça um plano.)

A preocupação serve a um propósito, pois nos ajuda a planejar. A maneira de lidar com a preocupação é usá-la como a natureza pretendia, planejando como enfrentar aquela coisa terrível que você imagina. Não precisa ser um plano de desastre abrangente de 12 pontos. Em seu livro *Rewire Your Anxious Brain*, Catherine Pittman e Elizabeth Karle (2015) escreveram sobre o plano de preocupação, que tem três etapas: (1) preocupar-se, (2) planejar e (3) parar. Uma vez que você tem seu plano, o pensamento de preocupação não é mais útil, visto que você já o utilizou fazendo o plano. Você não precisa mais pensar sobre esse problema. Ele está resolvido por enquanto. A coisa não está acontecendo agora, então não roube a alegria potencial do momento (e a consciência, o foco e as memórias do momento) preocupando-se e antecipando problemas. Preocupe-se, planeje, pare.

Volte à lista anterior e insira um plano para cada item dela. Aqui estão alguns exemplos de nossa amiga Cindy:

Preocupação	Plano
E se eu estiver desenvolvendo demência?	Então eu procurarei ajuda.
E se meu filho sofrer um acidente de carro?	Será difícil, mas eu superarei.
E se minha casa pegar fogo?	Tenho seguro, e digitalizarei minhas fotos.

Espero que agora você entenda o papel que o medo e a ansiedade desempenham na interrupção da sua memória. Essa é uma área muito importante na qual a maioria de nós precisa se concentrar. É especialmente crítica para aqueles com mudanças de memória e aqueles que foram informados de que sua memória está bem, mas ainda estão preocupados. O sequestro límbico é uma das maiores fontes de interrupção da memória, então tornar-se habilidoso em recuperar seu foco *"on-line"* fará maravilhas para a função de memória diária.

9

SONO

Nos círculos corporativos e médicos de alto nível, o sono tem sido historicamente subvalorizado. As pessoas frequentemente se gabam de quão pouco sono necessitam, mas a ciência não corrobora essa forma de pensar. Felizmente, o sono está passando por um renascimento. Quando se trata da sua memória, tanto no presente quanto no futuro, dormir o suficiente é essencial.

O SONO AJUDA SUA MEMÓRIA AGORA

O sono é fundamental para manter uma memória aguçada. A falta de sono leva a declínios acentuados na atenção e na função executiva. A redução do tempo de reação devido a uma noite mal dormida é comparável a estar embriagado (Williamson e Feyer, 2000). Como mencionei várias vezes neste livro, a atenção é a porta de entrada para a memória. Uma boa memória requer foco apurado. Não se pode esperar se lembrar de coisas que nunca foram notadas, certo? Uma atenção embotada é a primeira forma pela qual a falta de sono prejudica a memória.

O estágio de sono REM (do inglês *rapid eye movement*; movimento rápido dos olhos) é necessário para reter novas memórias de longo prazo. Durante o sono REM, seu hipocampo está muito ativo, consolidando suas memórias de longo prazo em "memórias realmente de longo prazo" que serão mantidas (Siegel, 2001). Você já notou o efeito de "dormir sobre o assunto" ao aprender algo ou estudar para uma prova? De repente, na manhã seguinte, você conhece o material muito melhor porque ele foi "consolidado" durante o sono REM.

A QUANTIDADE DE SONO IMPORTA

Dormir de 7 a 8 horas completas é o objetivo para praticamente todas as pessoas. Provavelmente, há uma margem de erro, mas você realmente precisa de uma noite completa de sono todas as noites, ou na maioria delas. Dormir muito pouco (menos de 6 horas por noite) e dormir demais (9 ou mais horas) aumenta o risco de AVC. Em termos de risco de AVC, 7 horas por noite é o ideal, e quanto mais você se afasta desse número em qualquer direção, mais seu risco aumenta (Phua, Jayaram, e Wijeratne, 2017).

Um grande motivo para isso está relacionado a obter sono REM suficiente, pois a maior parte dele ocorre durante a segunda metade da noite. A primeira metade é principalmente de sono profundo, que também é importante, como descreverei a seguir, mas, para obter todo o sono REM de que sua memória necessita, você precisa dormir além da quinta, sexta e talvez até a sétima hora (McCarley, 2007). O sono REM também é importante para acalmar a amígdala, seu detector de medo (Van der Helm et al., 2011). Quando as pessoas não obtêm sono REM suficiente, a amígdala fica significativamente mais reativa, e, como você tem aprendido, o sequestro da amígdala e do sistema límbico pode atrapalhar sua memória, distraindo-o e roubando seu foco.

O importante para obter todos esses ciclos REM é que você deve permanecer dormindo durante toda a noite. Se você ficar acordado por mais de 30 minutos, seus ciclos de sono recomeçam, o que significa que provavelmente não terá tempo de completar todos os ciclos REM. Não é desanimador?

Se você ronca, consulte seu médico. A apneia do sono é um sério risco à saúde, aumentando a chance de ataque cardíaco e AVC, além de diminuir sua atenção e função executiva (aquelas habilidades de pensamento de alto nível das quais uma boa memória depende; Moyer et al., 2001).

O problema com a apneia do sono é que suas vias aéreas podem colapsar quando seus músculos relaxam durante o sono. Seu cérebro trabalha arduamente para mantê-lo vivo e, se detectar que você não está recebendo o ar necessário, irá acordá-lo. O despertar frequente é o que tende a afetar a concentração e a memória. Portanto, converse com seu médico. Existem muitos tratamentos para apneia do sono, com novos e melhores surgindo o tempo todo, então, mesmo que você tenha tentado algo no passado e não tenha gostado, tente novamente.

Vamos digerir essas informações. Anote suas reações a tudo isso. Você está surpreso? Tem perguntas? Alguma ideia para ajustar seu sono?

_____

_____

_____

_____

O que está mantendo você acordado à noite?

- ☐ Preocupação
- ☐ TV
- ☐ Muitas idas ao banheiro
- ☐ Meu ronco
- ☐ O ronco do meu parceiro
- ☐ Pernas inquietas
- ☐ Muitos pensamentos
- ☐ Muito café
- ☐ Efeitos colaterais de medicamentos
- ☐ Não estar cansado à noite, mas cansado durante o dia
- ☐ Cochilar o dia todo
- ☐ Filhos
- ☐ Bebê
- ☐ Suores noturnos
- ☐ Pesadelos
- ☐ _____
- ☐ _____

O IMPACTO DO SONO NA MEMÓRIA DE LONGO PRAZO

O sono não era uma estratégia prioritária de investimento no plano de previdência cerebral até pouco tempo atrás. O mais empolgante sobre as descobertas recentes sobre o sono é que ele pode ser o primeiro preventivo real e direto da patologia do Alzheimer. Todos os outros fatores que temos visado para investir no plano de previdência cerebral até agora lidam com o aumento da reserva cognitiva para que você tenha mais células cerebrais disponíveis. Com mais células cerebrais, seu cérebro pode resistir melhor aos danos. O sono aumenta a reserva cognitiva, mas também pode prevenir o acúmulo real das placas beta-amiloides que causam a doença de Alzheimer.

O sono profundo, os ciclos que você tem no início da noite, parece representar o sistema linfático do cérebro, onde as toxinas são eliminadas. O corpo tem gânglios linfáticos que carregam toxinas para fora do corpo. Até recentemente, não sabíamos se o cérebro tinha um sistema de desintoxicação como esse, mas ele tem, e é chamado engenhosamente de "sistema glinfático" (Jessen et al., 2015).

Durante o sono profundo, as células gliais no cérebro encolhem 20%, permitindo que o líquido cerebrospinal elimine as toxinas (De Vivo et al., 2017). (As células gliais são as "outras" células no seu cérebro que não são neurônios, mas são importantes para mantê-los no lugar, metabolizar nutrientes e "limpar" toxinas.) As placas beta-amiloides que causam a doença de Alzheimer são uma das toxinas eliminadas. Portanto, obter bastante sono profundo pode ajudar a eliminar essas placas do seu cérebro antes que possam danificar suas células (Jessen et al., 2015). Não dormir o suficiente, no entanto, pode fazer as placas beta-amiloides ficarem presas no cérebro, levando à doença de Alzheimer.

Pesquisas recentes estão contestando a antiga suposição de que o envelhecimento requer menos sono. É comum que as pessoas durmam menos horas por noite conforme envelhecem, o que presumíamos ser normal. No entanto, Matthew Walker e seus colegas da University of California, em Berkeley, descobriram recentemente que adultos que dormem menos horas em seus 50, 60 e 70 anos têm mais placas beta-amiloides acumuladas no cérebro (Winer et al., 2019). Trata-se de uma simples correlação, então não podemos tirar conclusões sobre causa e efeito. A beta-amiloide pode fazer as pessoas ficarem acordadas, ou dormir menos pode causar o acúmulo da placa no cérebro. Sem estudos mais aprofundados, ainda não sabemos. Como ainda não podemos eliminar a amiloide do cérebro (pelo menos não no momento da escrita deste livro), podemos trabalhar para ajudar os adultos mais velhos a dormirem mais e ver se isso tem impacto na prevenção da doença de Alzheimer.

Vamos refletir. Quais são seus pensamentos agora sobre o sono? Você está preocupado, inspirado ou confuso? Reserve um momento para anotar seus pensamentos e reações.

___

___

___

___

___

___

Há muito que você pode fazer para melhorar seu sono. Você pode até saber o que fazer, mas, como muitas pessoas, pode ter dificuldade em manter a motivação. Agora que conhece o impacto do sono em sua memória, pode estar um pouco mais motivado para melhorar seus padrões de sono. Listarei recomendações de sono a seguir, mas, primeiro, vamos falar um pouco sobre medicamentos.

MEDICAMENTOS PARA DORMIR PODEM AFETAR A FORMAÇÃO DA MEMÓRIA

É comum desejar uma pílula para resolver tudo isso, não é? Eu entendo. No entanto, a maioria dos medicamentos para dormir afeta negativamente a memória de uma forma ou de outra.

Medicamentos com prescrição

A classe de medicamentos chamados benzodiazepínicos (que inclui Xanax© e Rivotril©) é conhecida por bloquear a formação da memória (Savić et al., 2005) e interferir na neuroplasticidade do hipocampo (Del Cerro, Jung, e Lynch, 1992), a atividade necessária para formar novas memórias. Os benzodiazepínicos também são altamente viciantes. A menos que você os esteja tomando para controlar algo como o sonambulismo, sugiro que converse com seu médico sobre alternativas.

Eu realmente adoro meu Tylenol® PM

Você pode pensar que os medicamentos para dormir de venda livre são mais seguros e melhores para sua memória do que os medicamentos prescritos, mas cuidado, há uma preocupação crescente sobre o impacto que eles têm na memória e no risco de demência. Eis o motivo.

Todos os medicamentos para dormir de venda livre são anti-histamínicos. Todos os anti-histamínicos são anticolinérgicos, o que significa que reduzem a quantidade de acetilcolina no cérebro (Church e Church, 2013). A acetilcolina é o neurotransmissor da memória, o combustível que seu hipocampo usa para formar novas memórias. Portanto, os anti-histamínicos fazem o oposto do que os medicamentos que estimulam a memória (que aumentam a transmissão de acetilcolina), como o Aricept®, fazem.

Sabemos que os medicamentos anticolinérgicos, como os anti-histamínicos, aumentam o risco de demência em pessoas que já têm alterações cognitivas leves, particularmente em mulheres. Portanto, retirar esses medicamentos de mulheres com declínios leves de memória é uma prioridade máxima para prevenir a demência (Artero et al., 2008). Encorajo todos a reconsiderar o uso de anti-histamínicos para dormir, dado tanto o impacto imediato na memória quanto o potencial risco em longo prazo.

Se você tem alergias, não se preocupe. Nem todos os anti-histamínicos entram no cérebro, apenas aqueles que causam sonolência. Há pouco risco para a memória com anti-histamínicos "não sedativos", como Claritin® ou Zyrtec®.

No momento da escrita deste livro, a melatonina parece ser a solução mais segura para o sono, pelo menos em termos da memória agora e mais tarde. Alguns medicamentos para dormir de ação mais curta também podem ser seguros e eficazes para a insônia. No entanto, todo medicamento ou suplemento para dormir tem potenciais efeitos colaterais e pode perturbar seus ciclos de sono. A conclusão é discutir tudo isso com seu médico e considerar intervenções não medicamentosas para melhorar seu sono.

Que perguntas você tem para seu médico sobre medicamentos para dormir?

_____

_____

_____

_____

ESTRATÉGIAS NÃO MEDICAMENTOSAS PARA UM SONO MELHOR

A abordagem mais segura para melhorar o sono é por meios não farmacológicos, então aqui estão algumas estratégias de estilo de vida para melhorar seu sono a fim de impulsionar sua memória.

1. Preste atenção aos estimulantes

Se você está tomando um medicamento estimulante, como Ritalina® ou Provigil®, converse com seu médico sobre a dosagem e o horário ideais para otimizar seu sono. Estabeleça um horário limite para a cafeína e considere limitar as sobremesas antes de dormir. Nicotina, álcool e açúcar também podem funcionar como estimulantes, potencialmente dificultando adormecer ou permanecer dormindo.

Qual é seu plano para estimulantes?

_____

_____

_____

_____

2. Mantenha um horário regular para dormir e acordar

Seu corpo se dá bem com o ritmo. Seu cérebro está bombeando hormônios, como melatonina à noite para ajudá-lo a adormecer e cortisol pela manhã para acordá-lo, tudo para manter esse ritmo. Então, dê uma força para o seu cérebro, certo?

Hora de dormir: _____   Hora de acordar: _____

Certifique-se de configurar alertas em seu *smartphone*, se tiver um; configure alarmes em outros lugares de sua casa tanto para seu horário de dormir quanto para o de acordar.

3. Tenha uma rotina de relaxamento

Falando em melatonina, você pode ajudar seu corpo a produzir mais melatonina criando uma rotina de relaxamento. Não precisa ser muito elaborada, talvez apenas algumas regras e rotinas que você estabelece para si mesmo, como ter um horário limite para telas, escovar os dentes, lavar o rosto, ligar uma "música de *spa*" ou uma meditação guiada.

Horário de início da sua rotina de relaxamento: _____

Sua rotina de relaxamento inclui:

_____ _____

_____ _____

_____ _____

4. Seja mais ativo durante o dia

A atividade física libera a tensão muscular, e as endorfinas que seu cérebro libera com a atividade podem durar até quatro dias. Apenas tenha cuidado para não ser ativo muito perto da hora de dormir, pois isso também pode ser energizante.

Como está sua rotina de atividade física até agora? O que, se houver algo, você pode fazer para se manter motivado, intensificar ou melhorar?

_____

_____

_____

_____

5. Mantenha curtos os períodos de vigília noturna

Sabendo que os ciclos de sono recomeçam após ficar acordado por mais de 30 minutos, você provavelmente vai querer se esforçar muito para manter qualquer despertar noturno o mais curto possível. Uma ida rápida ao banheiro, um gole de água e de volta para a cama. Sou o tipo de pessoa cujos pensamentos não param, então gosto de ligar uma gravação de áudio que seja hipnótica de alguma forma. Faixas de meditação são ótimas para isso, mas certifique-se de escolher faixas que não exijam muita concentração e que o façam voltar a dormir.

Qual é seu plano para o meio da noite?

_____

_____

_____

VAMOS CONTROLAR ESSES PENSAMENTOS

Se você é como eu, e os inúmeros pensamentos passando por sua cabeça são uma grande barreira para dormir, pode usar o próximo exercício para controlá-los e talvez fazer algo a respeito. Colocar seus pensamentos no papel é realmente útil. Por um lado, o motivo pelo qual o pensamento pode estar em um *loop* na sua mente é a tentativa do seu cérebro de ajudá-lo a se lembrar dele para quando precisar mais tarde. Se você o escrever, pronto, ele está seguramente memoriável fora de sua mente. *(A planilha de registro de pensamentos a seguir também está disponível na página do livro em loja.grupoa.com.br.)*

Registro de pensamentos da meia-noite

Passo 1. Deixe seu livro de exercícios na mesa de cabeceira esta noite com uma caneta inserida nesta página, e, se você acordar no meio da noite com uma série de pensamentos passando por sua cabeça, escreva-os aqui.

_____

_____

_____

_____

_____

Passo 2. Faça a si mesmo algumas perguntas para se acalmar, como "O que há de tão terrível nisso? Eu poderia lidar com isso? O que eu diria a meu amigo se ele viesse até mim com esse problema?". Além disso, não se esqueça do plano de preocupação do Capítulo 8. A preocupação é funcional, pois nos ajuda a planejar. Veja se consegue rapidamente elaborar um plano. Escreva-o ou quaisquer outros pensamentos de apoio a seguir.

Agora faça uma varredura corporal e volte a dormir.

Varredura corporal

Outra maneira de acionar a resposta de relaxamento em seu cérebro é liberando a tensão muscular do corpo. Uma varredura corporal é uma forma simples e eficaz de fazer isso. Temos a capacidade de relaxar os músculos com nossos pensamentos. Comece pelo topo da cabeça e faça uma varredura descendente. Imagine que seu corpo está cheio de cortisol (o hormônio do estresse tóxico para as células cerebrais se não for eliminado regularmente) e, à medida que faz a varredura, visualize-o sendo drenado, como água escoando de uma banheira. Conforme o cortisol é eliminado de cada parte do corpo, imagine-a completamente relaxada, passando pela testa, sobrancelhas, órbitas oculares, bochechas, mandíbula, lábios, língua, queixo, base do crânio, pescoço, ombros, braços, cotovelos, antebraços, punhos, mãos, dedos, peito, parte superior das costas e omoplatas, meio das costas, abdome, região lombar, quadris, nádegas, coxas, joelhos, canelas e panturrilhas, tornozelos, pés e descendo até os dedos dos pés, saindo pelo ralo. Dedique alguns momentos, talvez de 3 a 5 ciclos respiratórios, apenas desfrutando dessa sensação de relaxamento total em todo o corpo.

Como foi? O que você percebeu em seu corpo?

_____

_____

_____

_____

Espero que o sono agora seja uma prioridade maior para você e que, quando tiver dificuldades para dormir, disponha de novas ferramentas para conseguir. Muitas das habilidades neste livro funcionam em conjunto; por exemplo, movimentar-se mais pode ajudá-lo a dormir melhor. Vamos continuar explorando mais habilidades enquanto você segue desenvolvendo seu cérebro e sua memória.

10

COMA SEUS VEGETAIS

Muito já se escreveu sobre dieta e cérebro. Há muito que sabemos, mas ainda há muito a descobrir. Ainda não concordo que todos devam abandonar o glúten, exceto, obviamente, aqueles diagnosticados com doença celíaca ou condição similar. Dito isso, há muitos "vilões da memória" em nossa alimentação. O que você ingere é extremamente importante para a saúde cerebral em longo prazo. Os efeitos de curto prazo dos alimentos na memória podem ser mais sutis, mas, se você começar a experimentar, poderá encontrar alimentos que prejudicam sua concentração, deixando-o letárgico ou dispersos, e outros que o ajudam a se sentir mais alerta.

COMO A DIETA IMPORTA?

O campo da saúde cerebral começou a atentar para a importância da dieta a partir de estudos epidemiológicos que constataram baixas taxas de doença de Alzheimer em pessoas que viviam nas regiões mediterrâneas da Itália e da Grécia. Após controlar todas as variáveis possíveis, os pesquisadores concluíram que a alimentação fazia a diferença (Trichopoulou et al., 2003). Desde então, diversos estudos experimentais e longitudinais demonstraram que a dieta mediterrânea e outras similares, como a dieta MIND (Morris et al., 2015) e a dieta MAD (uma versão modificada da dieta Atkins; Brandt et al., 2019), ajudam a retardar o declínio cognitivo, reduzir o risco de demência e, em alguns casos, até a melhorar a cognição (Martínez-Lapiscina et al., 2013; Brandt et al., 2019).

A dieta afeta seu cérebro e sua memória por meio de seu impacto (1) no sistema cardiovascular, (2) nos picos de glicemia e (3) nos nutrientes necessários para o desempenho ideal da memória.

Saúde cardíaca e vascular

Sabemos há muito tempo que o que é bom para o coração é bom para o cérebro. As células cerebrais necessitam de fluxo sanguíneo constante para sobreviver, pois não podem armazenar sua própria energia. Para sobreviver e funcionar, elas dependem de oxigênio e de glicose (açúcar) frescos do sangue. Qualquer interrupção no fluxo sanguíneo para o cérebro, mesmo que por alguns minutos, pode levar à morte celular maciça. Portanto, é vital proteger o coração e o sistema vascular para proteger o cérebro e a memória. Um ataque cardíaco interrompe o suprimento de sangue oxigenado para o cérebro, e artérias obstruídas podem causar um AVC ou privar o cérebro de fluxo sanguíneo adequado.

Sabemos que dietas ricas em gorduras saturadas, carboidratos, sódio e nitratos podem danificar o sistema cardiovascular e, consequentemente, o cérebro. Uma dieta saudável para o coração é saudável para o cérebro. A dieta DASH, desenvolvida para reduzir a pressão arterial, demonstrou diminuir o risco de demência (Sacks et al., 1999), e dietas como a mediterrânea e a MIND também são geralmente "cardioprotetoras". Essas dietas contêm pouca carne vermelha, as gorduras tendem a ser poli-insaturadas e há abundância de peixes, frutas e vegetais frescos. As pessoas da região mediterrânea parecem não consumir muitas batatas fritas, bifes, salsichas ou *nuggets* de frango. O azeite de oliva é o principal óleo usado para temperos e cozimento, sendo uma gordura insaturada que não se solidifica nas artérias, como a manteiga ou a gordura animal, levando a menos acúmulo de placas, que podem causar ataques cardíacos e derrames.

Vamos digerir essa informação. *(Captou?)* Como você se sente sobre o que está aprendendo? Já vislumbra ideias de como poderia mudar sua dieta para maximizar sua memória ou reduzir o risco de demência?

_____

_____

_____

Picos de glicemia

Quando o nível de açúcar no sangue fica muito alto, as hemácias podem inchar e bloquear o fluxo sanguíneo nas extremidades dos capilares (pequenos vasos sanguíneos no final das artérias — muitos desses capilares se estendem até o centro do cérebro). Você provavelmente já ouviu falar de neuropatia diabética, quando as pessoas perdem a sensibilidade nos dedos das mãos ou dos pés ou têm danos nos rins (nefropatia) ou na retina (retinopatia). O que todas essas partes do corpo (pontas dos dedos, dedos dos pés, rins, globos oculares, centro do cérebro) têm em comum é que são alimentadas por densos leitos capilares. Se uma pessoa está perdendo sensibilidade nos dedos, é provável que danos semelhantes estejam ocorrendo no interior de seu cérebro.

Isso é relevante para a memória porque as vias nervosas que entram e saem dos lobos frontais são alimentadas por esses capilares e são essenciais para a recuperação de memórias. Essas vias nervosas também são vulneráveis a pequenos danos vasculares causados por artérias obstruídas ou picos de pressão arterial. Com o tempo, a saúde vascular precária ou o diabetes podem resultar em um acúmulo de danos que leva ao que tradicionalmente chamamos de "demência vascular" ou, atualmente, "transtorno neurocognitivo vascular". O diabetes também pode danificar os vasos sanguíneos, já que o inchaço das hemácias prejudica as paredes arteriais, levando à formação de placas e cicatrizes.

Existem muitas razões além da dieta pelas quais as pessoas desenvolvem hipertensão, placas arteriais e diabetes, particularmente questões genéticas. Não quero que essa informação soe como culpa ou vergonha. A dieta é apenas uma parte do quadro geral, mas a menciono aqui porque percebo que muitas pessoas não compreendem totalmente ou não valorizam a associação entre esses fatores de risco vascular e memória. A dieta afeta a saúde vascular e o diabetes, então é importante considerar seu impacto na memória por meio desses importantes canais de fatores de risco.

Mesmo que você não tenha diabetes, o inchaço das hemácias pode ocorrer com um pâncreas funcionando perfeitamente (o órgão que produz insulina para regular a glicemia). Consumir excessivamente sorvete ou biscoitos recheados pode elevar sua glicemia o suficiente para, no mínimo, perturbar sua química cerebral geral e, consequentemente, sua concentração. Sabemos que uma dieta de baixo índice glicêmico (uma dieta baixa em açúcar e carboidratos, projetada para manter a glicemia estável, evitando picos e quedas) parece ser ideal para a saúde cerebral em longo prazo.

As dietas mediterrânea e MIND têm baixo índice glicêmico. Mel, tâmaras e frutas frescas compõem a maior parte dos doces nessas dietas. Compare isso com *donuts* e torta de nozes. Também não há muita massa refinada ou purê de batatas. Os grãos geralmente estão em sua forma integral, como arroz integral e pão integral. Isso significa que picos de glicemia são menos comuns.

Vale ressaltar que, no momento da redação deste livro, a dieta cetogênica (Atkins modificada ou MAD) está ganhando nova atenção. Essa dieta também visa a manter os níveis de glicemia baixos. Um estudo preliminar da Johns Hopkins mostrou alguns resultados iniciais positivos em termos de melhora da memória (Brandt et al., 2019). No entanto, é importante notar que foi um estudo muito pequeno, e a ciência ainda é muito recente. Além disso, dietas cetogênicas podem ser difíceis de seguir e podem causar danos renais, então proceda com cautela e converse com seu médico.

Vamos digerir essa informação. *(Isso ainda me diverte.)* Como você se sente sobre todas essas informações sobre glicemia? Já vislumbra ideias de como poderia mudar sua dieta para maximizar sua memória ou reduzir o risco de demência?

___

___

___

___

Nutrientes necessários para o ótimo desempenho da memória

Alguns nutrientes parecem ser fundamentais para a saúde do cérebro: ômega 3 e antioxidantes. Os ácidos graxos ômega 3, encontrados em frutos do mar, nozes, sementes (como chia, linhaça e nozes) e óleos vegetais (como óleo de linhaça, óleo de soja e óleo de canola), mantêm as membranas celulares saudáveis, especialmente no cérebro e no coração. Participantes do *Rush Memory and Aging Project*, um dos maiores estudos longitudinais sobre estilo de vida e demência até hoje, que comeram frutos do mar pelo menos uma vez por semana, tiveram melhor desempenho em testes de memória e outras habilidades cognitivas ao longo dos cinco anos de acompanhamento, em comparação com os participantes que não comeram frutos do mar (Van de Rest et al., 2016). Suplementos de óleo de peixe parecem ser menos eficazes. Peixes podem ter altos níveis de mercúrio, uma neurotoxina, então não exagere. Contudo, coma peixe, pois parece que o risco de não comer peixe é pior do que o risco de o mercúrio afetar negativamente seu cérebro (Morris et al., 2016).

Os antioxidantes também são críticos para a saúde cerebral em longo prazo. Eles são benéficos para todas as suas células porque previnem o estresse oxidativo. Por muito tempo, pensei que o estresse oxidativo era algo inventado por lojas de produtos naturais para vender vitaminas, mas descobri que é real. O estresse oxidativo descreve a carga imposta ao corpo por moléculas instáveis chamadas de "radicais livres de oxigênio" ou "radicais livres". Quando o oxigênio é metabolizado (um processo chamado de oxidação), algumas moléculas de oxigênio acabam perdendo um elétron, tornando-se instáveis e virando, então, radicais livres. Na busca por esse elétron para se estabilizarem, esses radicais livres danificam suas células. A oxidação é o mesmo processo que causa a ferrugem no metal, então você pode pensar no estresse oxidativo como seu corpo enferrujando — eca! Os antioxidantes fornecem o elétron que essas células de oxigênio precisam para se estabilizar, então eles reduzem o estresse oxidativo no corpo e no cérebro, permitindo que mais células cerebrais permaneçam em sua reserva cognitiva.

Os antioxidantes são simplesmente vitaminas e minerais que você já sabe que são bons para você. Eles incluem vitaminas C e E, betacaroteno e os minerais zinco e selênio. Os flavonoides são um tipo particular de antioxidante que dão cor às frutas e aos vegetais. Eles estão presentes em praticamente todas as frutas, vegetais e ervas, bem como em feijões, grãos integrais, vinho tinto, chás verde e preto e cacau. "Superalimentos" especialmente ricos em antioxidantes incluem mirtilos selvagens, feijões vermelhos, *cranberries* e corações de alcachofra. Muitos antioxidantes são encontrados nas cascas das frutas e dos vegetais, incluindo batatas e maçãs — então, descascar ou ferver esses alimentos pode reduzir a quantidade de antioxidantes neles. O chocolate amargo é um desses "alimentos milagrosos" que também é rico em antioxidantes. Mas tenha cuidado. Para torná-lo saboroso, ele é misturado com muito açúcar e gordura.

Acredita-se que os antioxidantes desempenhem um papel na plasticidade cerebral e na potencialização de longo prazo, o processo pelo qual as células se conectam, que discutimos anteriormente. Alguns experimentos mostraram melhora no desempenho da memória após a ingestão de flavonoides (Socci et al., 2017).

Nosso corpo é melhor em absorver os nutrientes diretamente dos alimentos do que dos suplementos, então é melhor tentar obter antioxidantes e ômega 3 da sua dieta. Além disso, se você estiver ocupado comendo muitas frutas e vegetais, há menos espaço no estômago para coisas que podem bloquear suas artérias ou fazer suas hemácias incharem.

Vamos digerir isso. *(Mais uma vez!)* Como você se sente sobre todas essas informações sobre ômega 3 e antioxidantes? Alguma ideia de mudanças na sua dieta?

_____

_____

_____

Checklist da dieta cerebral semanal

A maioria desses estudos sobre dieta e memória foi conduzida pedindo às pessoas que preenchessem questionários de frequência alimentar. As pesquisas analisaram com que frequência as pessoas comiam alimentos considerados saudáveis para o cérebro *versus* alimentos considerados "potencialmente prejudiciais". Os alimentos não são inerentemente "ruins"; trata-se mais de com que frequência são consumidos. Você estará fazendo um trabalho fantástico se puder marcar as caixas a seguir:

Sua semana foi assim?	✓
Usou principalmente azeite de oliva, em vez de manteiga.	
Comeu pelo menos um vegetal verde folhoso por dia, em média (alface verde, couve, espinafre, etc.).	
Comeu pelo menos um outro vegetal por dia.	
Comeu frutas vermelhas pelo menos duas vezes esta semana.	
Comeu nozes na maioria dos dias.	
Consumiu menos de uma colher de sopa de manteiga ou margarina por dia.	
Não comeu queijo esta semana.	
Comeu grãos integrais pelo menos três vezes.	
Comeu peixe (não frito) pelo menos uma vez.	
Comeu feijão três vezes.	
Comeu aves (não fritas) pelo menos duas vezes.	
Comeu carne vermelha no máximo três vezes.	
Comeu doces no máximo quatro vezes.	

(Você pode fazer o download *deste* checklist *na página do livro em loja.grupoa.com.br.)*

SEU PLANO ALIMENTAR CEREBRAL

Comer melhor geralmente é menos sobre saber o que fazer e mais sobre realmente nos comprometermos a fazer isso, certo? Muito já se escreveu sobre truques e métodos para melhorar nossa dieta. Em geral, ter um plano e algum apoio social é o que leva aos melhores resultados. Então, gostaria de ajudá-lo a fazer isso.

O truque sobre o plano é torná-lo viável. Muitas vezes, não seguimos em frente com as metas porque as tornamos muito difíceis ou complicadas. Se você sentir qualquer tipo de resistência a qualquer uma das metas que identificar, é importante reduzi-la pela metade e, depois, se ainda sentir resistência, diminuí-la pela metade novamente, e novamente, até que pareça um passo viável. Além disso, seu plano pode ser mais sobre adicionar certos alimentos, em vez de retirar certos alimentos, pois, se você estiver comendo mais peixe, feijão, frutas frescas e vegetais, então há menos espaço no estômago para outras coisas, como batatas fritas e bolo.

Este não é o momento de se culpar. Parece que muitas pessoas oscilam em seus padrões alimentares. Você pode já estar seguindo uma dieta saudável para o cérebro. Pode estar aprendendo essas coisas pela primeira vez. Pode querer fazer mudanças sutis. Pode querer fazer grandes mudanças. Em última análise, realmente depende de você, porque você está no comando.

Então, qual é o seu plano?

Você pode querer começar adicionando mais peixe e vegetais frescos às suas refeições, ou pode querer se comprometer totalmente, consultando um nutricionista ou aderindo a um plano alimentar.

Cindy escreveu: Preciso reduzir o vinho e mudar para o tinto, devido aos flavonoides. Vou medir e deixar a garrafa na cozinha, segundas-feiras serão noites de peixe (segundas sem carne vermelha). Vou estocar feijões, frutas vermelhas e vegetais e comprar apenas um saco de batatas fritas para as crianças por semana.

Qual é o seu plano?

_____

_____

_____

_____

_____

_____

_____

_____

_____

Alimentos que você quer comer mais:

_____   _____

_____   _____

_____   _____

_____   _____

Alimentos que você quer comer menos:

_____   _____

_____   _____

_____   _____

_____   _____

Pessoas que irão apoiá-lo em seus novos hábitos alimentares:

Pessoa	Quando e como você pedirá ajuda

Como disse no início do capítulo, há muito que poderíamos discutir relacionado à dieta e à memória. Sistematicamente, deixei coisas de fora, como o impacto dos pesticidas e os benefícios dos alimentos orgânicos. Meu objetivo geral é fornecer algumas noções básicas para que você possa começar a melhorar sua memória pelo que coloca em seu corpo. Boa mastigação!

11

TOME CUIDADO COM OS SEUS MEDICAMENTOS

São tantos os medicamentos e as substâncias que afetam a memória que seria impossível abordar todos. Meu objetivo neste capítulo é fornecer informações suficientes para capacitá-lo a conversar com seu médico sobre os prós e os contras dos seus medicamentos em relação à memória. Não existe uma pílula mágica para consertá-la. Espero que isso esteja claro a essa altura, mas pode haver algumas medidas que você e seu médico podem tomar para aprimorar sua memória ao abordar seus medicamentos, suplementos e outras substâncias.

MEDICAMENTOS QUE MELHORAM A MEMÓRIA

Vamos começar com as boas notícias. Existem medicamentos para melhorar a memória. Um grupo de substâncias chamadas de "inibidores da colinesterase" inclui os fármacos Aricept® (donepezila) e Exelon® (rivastigmina). Eles melhoram a função do hipocampo (a estrutura que armazena suas memórias de longo prazo) ao aumentar a quantidade de acetilcolina (o neurotransmissor da memória e o combustível que o hipocampo usa para funcionar) no cérebro. São ministrados apenas a pessoas com doença de Alzheimer e algumas outras demências progressivas, como a demência com corpos de Lewy, quando o declínio da memória já é significativo. Outro medicamento, chamado Ebixa® (memantina), melhora a memória de pessoas nos estágios intermediário a avançado da demência (Livingston et al., 2017).

Esses medicamentos não são administrados a pessoas sem problemas de memória documentados, e as recomendações atuais incentivam os médicos a não os prescreverem nem mesmo para pessoas com transtorno neurocognitivo leve (também chamado de comprometimento cognitivo leve ou CCL). Isso porque menos de 40% das pessoas com CCL desenvolvem demência em 3 a 10 anos (Mitchell e Shiri-Feshki, 2009).

SUPLEMENTOS PARA A MEMÓRIA

Seja cético em relação a qualquer suplemento que prometa melhorar a memória, e há muitos. É fácil se deixar levar pelas alegações feitas pelos distribuidores desses produtos. A conclusão sobre suplementos para a memória é de que praticamente todos os que foram anunciados para melhorar a memória, como Prevagen e *gingko biloba*, ou não foram testados, ou não foram testados em humanos, ou, quando testados em humanos, não apresentaram desempenho consistentemente melhor que um placebo. Os fabricantes desses produtos não precisam comprovar suas alegações, e os níveis de ingredientes ativos podem variar amplamente de marca para marca e de lote para lote. Minha preocupação em relação aos suplementos é de que a maioria não vale o dinheiro gasto. Mesmo os suplementos de ômega 3 e antioxidantes parecem ter eficácia limitada em termos de saúde cerebral em longo prazo (Van de Rest et al., 2016); é muito melhor obter esses nutrientes dos alimentos. Pode ser necessário comprar suplementos se você tiver uma deficiência específica, como B12, diagnosticada pelo seu médico, mas, caso contrário, prefiro que você gaste seu dinheiro em coisas que o ajudarão mais, como um *personal trainer*.

MEDICAMENTOS PARA ATENÇÃO

Não se esqueça de que você não pode se lembrar do que não percebe, então uma boa atenção também é fundamental para uma boa memória. Estimulantes, como a cafeína, podem proporcionar o aumento da atenção para a maioria das pessoas, o que provavelmente é uma grande razão para o sucesso do Starbucks. A maioria dos medicamentos para transtorno de déficit de atenção/hiperatividade (TDAH), como a Ritalina®, são estimulantes, assim como outros medicamentos, como Modafinil®. Os médicos trabalham para limitar seu uso, quando possível, devido ao alto potencial de abuso. Eles são semelhantes em muitos aspectos a drogas ilegais, como cocaína e metanfetamina. No entanto, em circunstâncias adequadas, os medicamentos estimulantes podem ser usados, sob os cuidados de um médico, para melhorar o foco e a memória.

Eu diria que, a menos que você tenha sofrido uma lesão cerebral, um derrame ou realmente pareça ter tido TDAH quando criança (TDAH é um transtorno do neurodesenvolvimento; não existe TDAH de início na idade adulta) que persistiu até a idade adulta, é provável que não precise de um medicamento estimulante. Seus objetivos de melhorar a atenção e a memória provavelmente serão mais bem atendidos por meio de meditação, sono, regulação emocional e mudança de comportamento.

MEDICAMENTOS QUE ATRAPALHAM

Existem muitos medicamentos que podem limitar a memória, incluindo vários psicofármacos, como benzodiazepínicos (p. ex., Xanax® e Rivotril®), antipsicóticos, antidepressivos mais antigos, medicamentos antiepilépticos, medicamentos para dormir, medicamentos cardíacos (como betabloqueadores), opioides e maconha. Alguns deles bloqueiam diretamente a formação da memória, ao passo que outros a prejudicam ao diminuir o estado de alerta.

Alguns medicamentos afetam a memória porque são anticolinérgicos, ou seja, impedem a ação da acetilcolina, o neurotransmissor da memória. Assim, esses medicamentos funcionam de maneira oposta ao Aricept®, reduzindo a acetilcolina no cérebro. Como discutimos no capítulo sobre o sono, medicamentos anticolinérgicos também aumentam o risco de demência em mulheres idosas que já apresentam algum declínio leve de memória (Livingston et al., 2017). Eles incluem todos os anti-histamínicos sedativos — todos os medicamentos para dormir de venda livre (exceto melatonina) —, além de alguns medicamentos psiquiátricos e para a bexiga (p. ex., Seroquel® é um potente anti-histamínico).

Se você estiver tomando algum desses medicamentos, é importante que discuta com seu médico quaisquer potenciais efeitos colaterais na memória para que trabalhem juntos em uma análise de custo-benefício.

Mantenha consigo uma lista dos seus medicamentos

Se você toma algum medicamento ou suplemento (prescrito ou de venda livre), é uma boa ideia manter uma lista consigo em caso de emergência ou para conversar com seu médico. Faça uma lista dos seus medicamentos — anote ou imprima — e coloque-a na carteira ou onde fizer sentido para que você sempre a tenha consigo.

DELIRIUM

À medida que você envelhece, é fundamental que trabalhe em estreita colaboração com seu médico para garantir que a combinação de doses e medicamentos seja ideal para a sua memória. As doses de medicamentos processados pelo fígado são baseadas em estimativas de quanto da substância será eliminada pelas enzimas hepáticas antes de chegar ao cérebro. O fígado de uma pessoa de 70 anos produz muito menos enzimas do que o de uma pessoa de 30 anos, então as doses precisam ser ajustadas de acordo, caso contrário, muito medicamento pode entrar no cérebro. A toxicidade medicamentosa é uma causa comum de *delirium*, uma perturbação temporária na memória geralmente devida a um desequilíbrio químico. Em adultos mais velhos, o *delirium* é frequentemente resultado de alterações hepáticas.

Resuma suas perguntas para o médico

Quais são suas perguntas para seu médico sobre medicamentos para memória, suplementos, medicamentos para atenção, os potenciais efeitos colaterais na memória e doses e combinações? (Volte ao Capítulo 9, no qual você anotou perguntas sobre medicamentos para dormir, para garantir que as inclua aqui também.)

_____

_____

_____

_____

_____

_____

_____

_____

_____

_____

_____

_____

BEBENDO COM OS AMIGOS

Sejamos francos, às vezes não somos muito gentis com nosso cérebro. O excesso de álcool certamente pode deixá-lo confuso e menos produtivo. O consumo moderado parece não prejudicar o cérebro, e há até evidências de que bebedores moderados têm menor probabilidade de desenvolver demência do que abstêmios (Sabia et al., 2018). Não sabemos exatamente o porquê, e certamente não estou sugerindo que você comece a beber se não o faz. Não beber tem suas vantagens ao proporcionar clareza mental. Em última análise, é uma escolha pessoal baseada em como você se sente ao consumir álcool, incluindo como dorme à noite e como se sente no dia seguinte. Se você sofreu algum dano cerebral, sua tolerância ao álcool pode ser significativamente reduzida, e os efeitos cognitivos podem ser muito mais pronunciados.

É importante ser claro e honesto consigo mesmo sobre o que é "beber de leve a moderadamente". Nós, humanos, somos excelentes em racionalizar nossos comportamentos, então o que é moderado para alguns pode ser considerado consumo excessivo em termos médicos. Os dados mais recentes mostram que beber mais de 14 doses por semana aumenta o risco de demência (Sabia et al., 2018). Lembre-se de que uma dose padrão é 45 ml de destilados, como uísque ou vodca (40% de álcool por volume, ABV); 150 ml de vinho (15% ABV); ou 350 ml de cerveja (5% ABV).

Vamos ser realistas sobre seu consumo de álcool

Pense na última semana e seja honesto. Quantas doses você bebeu nos últimos sete dias?

_____ Foi mais de 14?

Agora, divida esse número por sete. Qual é sua média diária de doses? _____

Isso é o que chamamos de estudo "retrospectivo", avaliando seu comportamento passado com base na memória. Agora, quero que você conduza um estudo "prospectivo", usando a tabela a seguir para acompanhar seu consumo de álcool na próxima semana. Se estiver com amigos ou em uma festa, talvez não queira levar seu guia, então você pode baixar a tabela na página do livro em loja.grupoa.com.br para carregar consigo e manter a contagem. Você também pode usar um método comum que ensinamos em um tipo de tratamento chamado "beber controlado", em que você coleta as tampas das garrafas no seu bolso. Você pode acompanhar baixando um aplicativo simples de contador no seu celular. Preencha a tabela no final de cada dia.

Tabela de consumo prospectivo

Segunda-feira	Terça-feira	Quarta-feira	Quinta-feira	Sexta-feira	Sábado	Domingo	Total	Média (Total/7)

ESTRATÉGIA DE MEMÓRIA: AUXÍLIOS EXTERNOS

Algo preocupante que vejo muito é que as pessoas não tomam medicamentos necessários para proteger seu cérebro, como medicamentos para pressão alta e diabetes. É aqui que a estratégia de auxílios externos é útil. Usar alarmes no celular ou lembretes impossíveis de ignorar, como um *post-it* na cafeteira, pode ser notavelmente eficaz.

Auxílios de memória externos formam um grupo de estratégias que o ajudam a se lembrar, externalizando a informação, tirando-a de sua cabeça. Um auxílio externo é qualquer coisa que guarda uma memória que pode ser consultada posteriormente e serve como pista para ajudar a ativar uma lembrança. Você tem externalizado bastante usando a etapa redigir do ROIR, mas aqui estão outras estratégias.

Compre, abasteça e use um porta-comprimidos

Usar um porta-comprimidos não o torna velho. Torna-o responsável. Recomendo a todos que tomam medicação diária que usem um porta-comprimidos, independentemente da idade. Há uma razão pela qual pílulas anticoncepcionais vêm naquelas embalagens com todos os dias marcados. Até pessoas de 20 anos se esquecem de tomar medicamentos, ou deveríamos dizer, especialmente pessoas de 20 anos? Gostaria que todos os medicamentos viessem assim. Deixe de resistir ao porta-comprimidos. Lembrar-se da medicação é uma tarefa importante de memória para terceirizar.

Quando você comprará seu porta-comprimidos? _____

Com que frequência o abastecerá? _____

Use um calendário

Muitas pessoas reclamam de perder compromissos, mas, quando pergunto se usam um calendário, frequentemente dizem que não. Usar um calendário é um hábito, e talvez você tenha sido proficiente em usar um calendário em algum momento de sua vida, mas, com frequência, quando as pessoas se aposentam ou têm uma mudança de responsabilidades, esse hábito pode diminuir. Se você ainda não usa um calendário para acompanhar compromissos, visitas a amigos e tarefas diárias, agora é hora de começar. Aqui estão algumas dicas.

Existem muitos tipos diferentes de calendários. Hoje, muitas pessoas usam calendários eletrônicos. Calendários de celular são bons porque você tende a ter seu celular consigo quase o tempo todo e eles têm bons alarmes e lembretes. Você também pode ajustá-los para serem visualizados por dia, semana, mês ou ano, e pode compartilhá-los com sua família. No entanto, eles podem não ser para todos, particularmente se você está tendo dificuldades para se adaptar à tecnologia ou se precisa de suas informações à vista.

O calendário padrão de um mês que fica pendurado na parede é ótimo para ver seus compromissos e consultá-los rapidamente. Você pode querer usar um quadro branco para colocar a data bem grande em seu campo de visão todos os dias para acompanhá-lo dessa maneira.

Uma agenda com uma semana por página ou um dia por página pode ser o que você precisa, especialmente se quiser usá-la como uma "bíblia da memória" que permite melhorar tanto sua memória prospectiva (lembrar-se de coisas no futuro) quanto sua memória retrospectiva (como um diário para ajudá-lo a se lembrar do que fez ontem). Muitas pessoas com perda de memória acham esse hábito de usar um *planner* muito útil, para que possam voltar e consultar memórias importantes, como festas de aniversário, almoços com amigos e ligações para os netos.

Vamos digerir essas informações. Que tipo de calendário você acha que funcionará melhor para você? Se já usa um calendário, há algum ajuste ou melhoria que possa fazer?

_____

_____

_____

_____

_____

Mesmo que você ache que se lembrará de algo, coloque-o em seu calendário de qualquer maneira. É melhor ter coisas em seu calendário das quais você se lembrou do que esquecer ou perder um compromisso ou evento especial. Além disso, de que adianta ter algo em seu calendário se você nunca o consulta? Crie o hábito de olhar seu calendário várias vezes ao dia, especialmente pela manhã e antes de dormir.

Alarmes e lembretes

Mesmo que você não seja muito familiarizado com tecnologia, muitos dispositivos, incluindo seu celular, podem fornecer alarmes e lembretes para coisas como tomar medicamentos, acordar e verificar sua glicemia. Configure-os, use--os e use-os novamente. Hoje, você pode até mesmo dizer para a Siri, Alexa ou o Google para configurar seus alarmes e lembretes.

Vamos digerir. Anote algumas ideias que você tem para novas maneiras de "aprimorar" seu uso de calendários e alertas.

_____

_____

_____

_____

_____

_____

O lugar especial

Colocar itens importantes em um lugar especial e ser disciplinado em mantê-los lá é outro ótimo auxílio de memória externo. No programa CogSMART (Twamley et al., 2012), os terapeutas chamam isso de "lar" para suas coisas. Uma maneira importante de melhorar sua memória é identificar um lar ou lugar especial para suas chaves, telefone, carteira, calendário e qualquer *planner* que você use. Uma cesta perto da porta que você mais usa para entrar e sair é ideal. Se você não tem um lugar especial ou um lar para suas chaves, carteira, calendário, e assim por diante, crie um *agora mesmo*. Eu esperarei aqui.

Onde é? *(Shh... não contarei a ninguém.)* _____

Coloque as contas que precisa pagar em um lugar especial, idealmente em algum lugar visível para servir como um lembrete visual para pagá-las. Outros documentos acessados com menos frequência também devem ter um lugar especial, mas deve ser mais afastado do seu espaço cotidiano, como uma gaveta de arquivo. Obtenha ajuda para organizar isso se for uma dificuldade para você. Onde ficam esses lugares?

As contas a pagar ficam aqui: _____

Os documentos são arquivados aqui: _____

Pessoas que podem ajudá-lo a organizar essas coisas incluem: _____

Lembretes impossíveis de ignorar

Eu realmente gosto dessa estratégia do programa CogSMART (Twamley et al., 2012). Lembretes impossíveis de ignorar envolvem o que o nome implica: colocar um lembrete em um lugar óbvio onde você não pode deixar de vê-lo. Por exemplo, você pode colar um *post-it* lembrando de alimentar o cachorro na cafeteira ou usar um marcador de quadro branco para escrever um lembrete no espelho do banheiro para *tomar seus comprimidos*. Se precisar levar algo em sua próxima saída, pode pendurá-lo na maçaneta da porta.

Então, não nos esqueçamos de que os medicamentos são frequentemente um componente essencial de uma memória saudável e ideal. É importante conversar com seu médico sobre maneiras de melhorar sua memória e quaisquer potenciais efeitos colaterais que seus medicamentos possam ter sobre ela. De que adianta um medicamento se você não se lembra de tomá-lo? Use auxílios de memória externos, como porta-comprimidos, calendário, lugar especial e alarmes, para ajudar sua memória, e você será um profissional da memória.

12

SOCIALIZE COM PROPÓSITO

Em nosso último capítulo juntos, focaremos em aprimorar sua vida social e seu senso de propósito como formas adicionais de melhorar sua memória agora e em longo prazo. Investir em sua vida social e bem-estar espiritual pode trazer grandes retornos à medida que você continua a aperfeiçoar sua memória.

COMO VIVER COM UM SENSO DE PROPÓSITO AJUDA SUA MEMÓRIA

O *The Rush Memory and Aging Project*, do Rush University Medical Center, em Chicago, contribuiu significativamente para nossa compreensão dos fatores que afetam o investimento no plano de previdência cerebral. Um dos muitos resultados desse estudo longitudinal em larga escala (que acompanha as mesmas pessoas por um longo prazo) mostrou que indivíduos que relataram ter um senso de propósito mais forte em sua vida tinham melhor reserva cognitiva. Assim, resistiam melhor aos efeitos da patologia da doença de Alzheimer em desenvolvimento em seu cérebro (Bennett et al., 2012).

Há também evidências crescentes sugerindo que se orientar por um senso de propósito pode melhorar seu engajamento cognitivo, que é o grau em que você está focado no que está fazendo, talvez até se perdendo em seu trabalho (Burrow, Agans, e Rainone, 2018; Chaudhary, 2019). O engajamento é crucial para sua aprendizagem e sua memória, como discutimos várias vezes neste livro, proporcionando o foco necessário. Você não pode esperar se lembrar do que não percebe, certo?

Propósito é o "porquê", sua razão de viver, por que você faz o que faz. Pode ser muito pesado tentar descobrir seu propósito geral na vida. O que é animador sobre o propósito é que você não precisa resolver esse enigma existencial para colher os benefícios. Uma estratégia é definir seu propósito momento a momento. Pergunte-se: qual é o meu propósito nesse momento, nessa tarefa, nesse dia? Por que estou fazendo isso?

Experimente. Qual é o seu propósito ao completar este capítulo? Por que você quer ler este capítulo? O que espera ganhar com isso?

_____

_____

_____

Outra maneira de acessar seu propósito é fazendo algumas daquelas "perguntas de leito de morte", como: "Do que eu me arrependeria se morresse hoje?".

_____

_____

_____

_____

_____

Pronto. Aqui está seu propósito. Algo como uma lista de desejos, mas melhor. Sugiro algumas outras perguntas: "Para que fui colocado na Terra?", "Por que existo?". E, antes que você seja muito duro consigo mesmo, deixe-me dizer que você existe por uma razão. Você é um presente. Você também pode escolher, discernir e decidir qual é essa razão.

Uma declaração de propósito também pode ser aspiracional — pode não corresponder exatamente ao seu estilo de vida atual. Escrevi recentemente uma declaração de propósito para mim. Foi difícil criar uma sozinha, mas encontrei alguns exemplos ótimos em um livro chamado *Beyond Time Management: Business with Purpose*, de Robert Wright (1996). Se eu tivesse escrito minha declaração de propósito de minha vida como a estava vivendo, teria sido algo como "Vivo para trabalhar duro, entregando-me livremente até me sentir esgotada e ressentida", então ajustei e tornei-a aspiracional: "Vivo para me divertir, desfrutando de uma vida longa e saudável, mantendo um alto padrão de vida para minha própria satisfação, para que eu possa fazer a diferença para a minha família e para o mundo e retribuir para ajudar os necessitados". Devo dizer que essa declaração de propósito é realmente motivadora e me mantém no caminho do autocuidado. Com frequência, esqueço de me divertir, aproveitar, manter altos padrões de vida e garantir que estou satisfeita. Isso atrapalha meu anseio de fazer a diferença para a minha família e para o mundo, e como posso retribuir se estou sempre com uma mentalidade de escassez? Então, reserve um tempo para considerar seu propósito, certificando-se de cuidar de si mesmo no processo.

Anote algumas ideias sobre seu propósito aqui:

_____

_____

_____

_____   _____

Começamos este livro explorando por que você quer uma memória melhor, e, no capítulo sobre atividade física, você anotou seus porquês para ser mais fisicamente ativo. Parece apropriado encerrarmos da mesma maneira. Talvez seu porquê, ou seu propósito em ter uma memória melhor, tenha mudado um pouco ao longo deste livro. Este também é um lugar para ir além de simplesmente ter uma memória melhor e refletir sobre o propósito de sua vida. Então, vamos fazer o exercício "mantenha seu porquê por perto" novamente.

Seja deixar um legado para seus filhos, praticar *snowboard* aos 70 anos ou fazer a diferença em sua carreira, por que você quer construir e manter uma memória mais forte? Qual é o seu propósito em ter uma memória melhor? Qual é o seu propósito na vida?

_____   _____

_____   _____

_____   _____

_____   _____

_____   _____

SOCIALIZAÇÃO E MEMÓRIA

Nosso corpo fica infeliz quando não atendemos nossas necessidades sociais. Muitos estudos mostraram que o isolamento social, particularmente a solidão, é um risco à saúde. Algumas estimativas mostram que isso é tão ruim para a sua saúde quanto fumar, principalmente em termos de quantos anos isso tira de sua vida (Pantell et al., 2013). Considerando que o que é bom para o corpo é bom para o cérebro, não deveria ser surpresa que o isolamento social e a solidão também aumentem seu risco de perda de memória e de demência. Pessoas que têm contato social infrequente e pouca participação em atividades sociais (Kuiper et al., 2015), bem como pessoas que vivem sozinhas e pessoas que não estão em um relacionamento comprometido (Sundström, Westerlund, e Kotyrlo, 2016), têm um risco muito maior para todos os tipos de demência.

Estar perto e interagir com outras pessoas pode ser uma das formas mais eficientes de exercício cerebral. Estou disposta a apostar dinheiro de verdade que é um melhor exercício cerebral do que qualquer jogo mental por aí. Pense nisso. Mesmo o ato de ter uma conversa simples ativa praticamente todo o seu cérebro. Você está ouvindo e aprendendo coisas novas, então os centros de linguagem e memória em seu lobo temporal são ativados. Você está processando pistas visuais de gestos e linguagem corporal, ativando seus lobos occipital e parietal. Você está recuperando memórias, falando, sendo gentil, esperando sua vez e planejando o que quer dizer, ativando seus lobos frontais. Você está se conectando emocionalmente, processando e regulando pistas emocionais, ativando sua amígdala e outras estruturas cerebrais relacionadas à empatia e à concentração. Isso é basicamente todo o seu cérebro, e isso é apenas uma conversa simples. Adicione a isso outras coisas que você faz com amigos, como planejar passeios juntos, escolher um restaurante, explorar uma nova parte da cidade e viajar juntos, e você pode ver como estar perto de outras pessoas é uma forma realmente eficiente de estimulação cerebral. Além disso, amigos são ótimos auxiliares de memória externos, não é? Eles podem guardar pedaços de memórias que vocês compartilham juntos, e relembrar traz à tona essas velhas memórias para repetição e recodificação.

Embora relacionamentos de alta qualidade sejam importantes, as evidências mostram que seu nível de satisfação em sua rede social na verdade importa menos do que a quantidade de socialização que você faz. Isso significa que mesmo pessoas que reclamam de seus amigos ainda têm um risco menor de demência do que pessoas com poucos amigos (Kuiper et al., 2015). Isso pode aliviar um pouco a pressão, não acha? Quem se importa? Saia e converse com as pessoas!

Você está engajado?

Quanto você interage, de fato, com as pessoas em sua vida? Vocês apenas têm uma consciência casual um do outro porque veem as notificações nas redes sociais? Quando foi a última vez que conversaram de verdade? Quando estão conversando, quão "presente" na conversa você está? Você se distrai com pensamentos, como planejar sua lista de compras ou pensar no que quer dizer em seguida? Você mantém contato visual ou fica rolando as redes sociais ou jogando enquanto conversa?

O nível de engajamento nas conversas é importante. Se você está apenas parcialmente presente, perde muitos dos benefícios cerebrais mencionados anteriormente, além de perder grande parte da riqueza que vem da interação com outras pessoas. Por isso, o quadro a seguir pede a você que acompanhe seu nível de engajamento enquanto registra suas conversas na próxima semana.

Com que frequência você conversa?

Acompanhe suas conversas ao longo da próxima semana.

	Segunda-feira	Terça-feira	Quarta-feira	Quinta-feira	Sexta-feira	Sábado	Domingo
Pessoas com quem conversei (se forem muitas para listar, anote o número de conversas que teve)							
O quanto me senti apoiado por meus relacionamentos (1 é o menor apoio, 10 é o maior apoio)							
Qualidade geral das minhas interações (1 é a mais negativa, 10 é a mais positiva)							
Meu nível de engajamento nas conversas (1 é completamente desligado, 10 é totalmente engajado e conectado aos meus sentimentos e aos da outra pessoa)							

(Uma cópia para download desta planilha está disponível na página do livro em loja. grupoa.com.br.)

Apoio social como amortecedor do estresse

Outra vantagem da socialização é que ela funciona como um amortecedor do estresse. Como você aprendeu no Capítulo 8, o estresse agudo pode roubar seu foco e, consequentemente, sua memória por meio do sequestro límbico ou da amígdala; já o estresse crônico mata as células cerebrais que você tem e impede o crescimento de novos neurônios, ou seja, limita seu investimento no plano de previdência cerebral.

À medida que a espécie humana evoluiu, o cérebro desenvolveu esse novo córtex sofisticado que nos dá habilidades exclusivamente humanas, como nossas habilidades linguísticas e matemáticas. Contudo, sob esse córtex sofisticado, ainda somos primatas sociais, o que significa que precisamos uns dos outros para sobreviver e prosperar, assim como um bando de gorilas.

No reino animal, nós, humanos, somos totalmente fracos. Nossos dentes não são afiados. Não temos garras ou grandes carapaças em nossas costas para nos proteger de predadores. Nossa visão e audição são inferiores em comparação com as de outras espécies. Além de nos lembrar das coisas que podem nos matar, para sobreviver, também tivemos de trabalhar juntos. Nossos ancestrais formaram clãs e tribos, compartilharam e trocaram recursos e se protegeram mutuamente. Ser expulso da tribo nos primórdios significava morte quase certa. Mesmo que hoje tenhamos estruturas mais sólidas e formas mais convenientes de reunir recursos, ainda precisamos de outros humanos para sobreviver.

Para quem você vai ligar?

Liste pessoas em sua vida para quem você pode ligar ou recorrer quando algo o incomoda. Seja criativo. Certifique-se de incluir conselheiros e linhas de apoio:

_____   _____

_____   _____

_____   _____

_____   _____

_____   _____

_____   _____

Espero que você tenha uma melhor noção de como o propósito e a socialização podem construir e apoiar sua memória agora e à medida que envelhece. Essas duas habilidades não apenas me ajudaram a me sentir mais focada e engajada, mas também trouxeram muita diversão e prazer à minha vida. Espero que você constate o mesmo.

SIGA EM FRENTE COM UMA MEMÓRIA MELHOR

Então, passamos por toda a neurociência e as habilidades. Foi um prazer absoluto acompanhá-lo nessa jornada. Obrigada por me permitir ser sua guia. Desejo-lhe muitos anos de saúde cerebral e confiança em sua memória. Este pode ser o fim do livro, mas não considero que seja o fim do nosso trabalho conjunto. Construir e manter uma memória saudável exige prática diária ao longo da vida, então sinta-se à vontade para voltar de tempos em tempos para aprimorar suas habilidades. Não se esqueça de baixar quaisquer planilhas de que possa precisar para apoiá-lo em sua jornada na página do livro em loja.grupoa.com.br. Mantenha contato comigo, e espero que nos encontremos novamente algum dia.

REFERÊNCIAS

Alzheimer's Association. 2009. *Know the 10 Signs: Early Detection Matters.* TS-0066.

American Psychiatric Association. 2013. *Diagnostic and Statistical Manual of Mental Disorders,* 5th ed. Washington, DC: American Psychiatric Association.

Andrade, C., and N. S. Kumar Rao. 2010. "How Antidepressant Drugs Act: A Primer on Neuroplasticity as the Eventual Mediator of Antidepressant Efficacy." *Indian Journal of Psychiatry* 52: 378–386.

Artero, S., M. L. Ancelin, F. Portet, A. Dupuy, C. Berr, J. F. Dartigues, C. Tzourio, O. Rouaud, M. Poncet, F. Pasquier, S. Auriacombe, J. Touchon, and K. Ritchie. 2008. "Risk Profiles for Mild Cognitive Impairment and Progression to Dementia Are Gender Specific." *Journal of Neurology, Neurosurgery, and Psychiatry* 79, no. 9: 979–984.

Asken, B. M., M. J. Sullan, S. T. DeKosky, M. S. Jaffee, and R. M. Bauer. 2017. "Research Gaps and Controversies in Chronic Traumatic Encephalopathy." *JAMA Neurology* 74, no. 10: 1255–1262.

Baddeley, A. 2010. "Working Memory." *Current Biology* 20, no. 4: R136–R140.

Bennett, D. A., J. A. Schneider, A. S. Buchman, L. L. Barnes, P. A. Boyle, and R. S. Wilson. 2012. "Overview and Findings from the Rush Memory and Aging Project." *Current Alzheimer Research* 9, no. 6: 646–663.

Bhattacharyya, K. B. 2017. "James Wenceslaus Papez, His Circuit, and Emotion." *Annals of Indian Academy of Neurology* 20, no. 3: 207–210.

Bolte Taylor, J. 2006. *My Stroke of Insight: A Brain Scientist's Personal Journey.* New York: Viking Press.

Bookheimer, S. 2002. "Functional MRI of Language: New Approaches to Understanding the Cortical Organization of Semantic Processing." *Annual Review of Neuroscience* 25: 151–188.

Brandt, J., A. Buchholz, B. Henry-Barron, D. Vizthum, D. Avramopoulos, and M. C. Cervenka. 2019. "Preliminary Report on the Feasibility and Efficacy of the

Modified Atkins Diet for Treatment of Mild Cognitive Impairment and Early Alzheimer's Disease." *Journal of Alzheimer's Disease* 68, no. 3: 969–981.

Burkhardt, T., D. Lüdecke, L. Spies, L. Wittmann, M. Westphal, and J. Flitsch. 2015. "Hippocampal and Cerebellar Atrophy in Patients with Cushing's Disease." *Neurosurgical Focus* 39, no. 5: E5.

Burrow, A. L., J. P. Agans, and N. Rainone. 2018. "Exploring Purpose as a Resource for Promoting Youth Program Engagement." *Journal of Youth Development* 13, no. 4: 164–178.

Cameron, H. A., and E. Gould. 1994. "Adult Neurogenesis Is Regulated by Adrenal Steroids in the Dentate Gyrus." *Neuroscience* 61, no. 2: 203–209.

Chaudhary, R. 2019. "Corporate Social Responsibility Perceptions and Employee Engagement: Role of Psychological Meaningfulness, Safety, and Availability." *Corporate Governance* 19, no. 4: 631–647.

Church, M. K., and D. S. Church. 2013. "Pharmacology of Antihistamines." *Indian Journal of Dermatology* 58, no. 3: 219–224.

Cicerone K. D., D. M. Langenbahn, C. Braden, J. F. Malec, K. Kalmar, M. Fraas, T. Felicetti, L. Laatsch, J. P. Harley, T. Bergquist, J. Azulay, J. Cantor, and T. Ashman. 2011. "Evidence-Based Cognitive Rehabilitation: Updated Review of the Literature from 2003 Through 2008." *Archives of Physical Medicine and Rehabilitation* 92, no. 4: 519–530.

Corballis, M. C. 2014. "Left Brain, Right Brain: Facts and Fantasies." *PLOS Biology* 12, no. 1: e1001767.

Cummings, J. L. 1993. "Frontal-Subcortical Circuits and Human Behavior." *Archives of Neurology* 50, no. 8: 873–880.

Dale, A., and E. Halgren. 2001. "Spatiotemporal Mapping of Brain Activity by Integration of Multiple Imaging Modalities." *Current Opinion in Neurobiology* 11, no. 2: 202–208.

Del Cerro, S., M. Jung, and G. Lynch. 1992. "Benzodiazepines Block Long-Term Potentiation in Slices of Hippocampus and Piriform Cortex." *Neuroscience* 49, no. 1: 1–6.

De Vivo, L., M. Bellesi, W. Marhsall, E. A. Bushong, M. H. Ellisman, G. Tononi, and C. Cirelli. 2017. "Ultrastructural Evidence for Synaptic Scaling Across the Wake/Sleep Cycle." *Science* 355: 507–510.

Doidge, N. 2007. *The Brain That Changes Itself: Stories of Personal Triumph from the Frontiers of Brain Science.* Melbourne, Victoria, Australia: Scribe Publications.

Doyon, J., and H. Benali. 2005. "Reorganization and Plasticity in the Adult Brain During Learning of Motor Skills." *Current Opinion in Neurobiology* 15, no. 2: 161–167.

Engvig, A., A. M. Fjell, L. T. Westlye, T. Moberget, Ø. Sundseth, V. A. Larsen, and K. B. Walhovd. 2012. "Memory Training Impacts Short-Term Changes in Aging White Matter: A Longitudinal Diffusion Tensor Imaging Study." *Human Brain Mapping* 33, no. 10: 2390–2406.

Erickson, K. I., R. L. Leckie, and A. M. Weinstein. 2014. "Physical Activity, Fitness, and Gray Matter Volume." *Neurobiology of Aging*, supplement 2: S20–S28.

Erickson, K. I., C. A. Raji, O. L. Lopez, J. T. Becker, C. Rosano, A. B. Newman, H. M. Gach, P. M. Thompson, A. J. Ho, and L. H. Kuller. 2010. "Physical Activity Predicts Gray Matter Volume in Late Adulthood: The Cardiovascular Health Study." *Neurology* 75, no. 16: 1415–1422.

Erickson, K. I., M. W. Voss, R. S. Prakash, C. Basak, A. Szabo, L. Chaddock, J. S. Kim, S. Heo, H. Alves, S. M. White, T. R. Wojcicki, E. Mailey, V. J. Vieira, S. A. Martin, B. D. Pence, J. A. Woods, E. McAuley, and A. F. Kramer. 2011. "Exercise Training Increases Size of Hippocampus and Improves Memory." *Proceedings of the National Academy of Sciences* 108, no. 7: 3017–3022.

Eriksson, P. S., E. Perfilieva, T. Björk-Eriksson, A. Alborn, C. Noardborg, D. A. Peterson, and F. H. Gage. 1998. "Neurogenesis in the Adult Human Hippocampus." *Nature Medicine* 4: 1313–1317.

Fama, R., and E. V. Sullivan. 2015. "Thalamic Structures and Associated Cognitive Functions: Relations with Age and Aging." *Neuroscience & Biobehavioral Reviews* 54: 29–37.

Fernandez, A., and E. Goldberg. 2009. *The SharpBrains Guide to Brain Fitness*. San Francisco: SharpBrains, Inc.

Gladwell, M. 2008. *Outliers: The Story of Success*. New York: Little, Brown, and Company.

Goldman-Rakic, P. S. 1995. "Cellular Basis of Working Memory." *Neuron* 14: 477–485.

Goleman, D. 1995. *Emotional Intelligence: Why It Can Matter More Than IQ*. New York: Bantam Books.

Gould E., P. Tanapat, T. Rydel, and N. Hastings. 2000. "Regulation of Hippocampal Neurogenesis in Adulthood." *Biological Psychiatry* 48, no. 8: 715–720.

Gradari, S., A. Pallé, K. R. McGreevy, A. Fontán-Lozano, and J. L. Trejo. 2016. "Can Exercise Make You Smarter, Happier, and Have More Neurons? A Hermetic Perspective." *Frontiers in Neuroscience* 10: 93.

Han, K., S. B. Chapman, and D. C. Krawczyk. 2018. "Neuroplasticity of Cognitive Control Networks Following Cognitive Training for Chronic Traumatic Brain Injury." *NeuroImage* 18: 262–278.

Hanson, R. 2009. *Buddha's Brain: The Practical Neuroscience of Happiness, Love, and Wisdom*. Oakland, CA: New Harbinger Publications.

Harbishettar, V., P. K. Pal, Y. C. J. Reddy, and K. Thennarasu. 2005. "Is There a Relationship Between Parkinson's Disease and Obsessive Compulsive Disorder?" *Parkinsonism & Related Disorders* 11, no. 2: 85–88.

Herbert, L. E., J. Weuve, P. A. Scherr, and D. A. Evans. 2013. "Alzheimer Disease in the United States (2010–2050) Estimated Using the 2010 Census." *Neurology* 80, no. 19: 1778–1783.

Huntley J. D., A. Hampshire, D. Bor, A. Owen, and R. J. Howard. 2017. "Adaptive Working Memory Strategy Training in Early Alzheimer's Disease: Randomized Controlled Trial." *British Journal of Psychiatry* 210, no. 1: 61–66.

Imbimbo, B. P., J. Lombard, and N. Pomara, N. 2005. "Pathophysiology of Alzheimer's Disease." *Neuroimaging Clinics of North America* 15, no. 4: 727–753.

Jessen, N. A., A. S. Finmann Munk, I. Lundgaard, and M. Nedergaard. 2015. "The Glymphatic System: A Beginner's Guide." *Neurochemical Research* 40, no. 12: 2583–2599.

Kabat-Zinn, J. 1994. *Wherever You Go, There You Are: Mindfulness Meditation in Everyday Life*. New York: Hyperion Press.

Katzman, R., M. Aronson, P. Flud, C. Kawas, T. Brown, H. Morgenstern, W. Frishman, L. Gidez, H. Eder, and W. L. Ooi. 1989. "Development of Dementing Illnesses in an 80-Year-Old Volunteer Cohort." *Annals of Neurology* 25, no. 4: 317–324.

Kavirajan. H., and L. S. Schneider. 2007. "Efficacy and Adverse Effects of Cholinesterase Inhibitors and Memantine in Vascular Dementia: A Meta-Analysis of Randomised Controlled Trials." *Lancet Neurology* 6, no. 9: 782–792.

Kelley, M., B. Ulin, and L. C. McGuire. 2018. "Reducing the Risk of Alzheimer's Disease and Maintaining Brain Health in an Aging Society." *Public Health Reports* 133, no. 3: 225–229.

Kuiper, J. S., M. Zuidersma, R. C. Oude Voshaar, S. U. Zuidema, E. R. van den Heuvel, R. P. Stolk, and N. Smidt. 2015. "Social Relationships and Risk of Dementia: A Systematic Review and Meta-Analysis of Longitudinal Cohort Studies." *Ageing Research Reviews* 22: 39–57.

Langer, E. 2014. "Science of Mindlessness and Mindfulness." Podcast. *On Being with Krista Tippett* (May 29), https://onbeing.org/programs/ellen-langer-science-of-mindlessness-and-mindfulness-nov2017/.

LeDoux, J. 2012. "Rethinking the Emotional Brain." *Neuron* 73, no. 4: 653–676.

Livingston, G., A. Sommerlad, V. Orgeta, S. G. Costafreda, J. Huntley, D. Ames, et al. 2017. "Dementia Prevention, Intervention, and Care." *The Lancet Commissions* 390: 2673–2734.

Loftus, E. F. 2005. "Planting Misinformation in the Human Mind: A 30-Year Investigation of the Malleability of Memory." *Learning and Memory* 12: 361–366.

Martínez-Lapiscina, E. H., P. Clavero, E. Toledo, R. Estruch, J. Salas-Salvado, B. San Julian, A. Sanchez-Tainta, E. Ros, C. Valls-Pedret, and M. Á. Martinez-Gonzalez. 2013. "Mediterranean Diet Improves Cognition: The PREDIMED-NAVARRA Randomized Trial." *Journal of Neurology, Neurosurgery, and Psychiatry* 84: 1318–1325.

Marx, P. 2013. "Mentally Fit: Workouts at the Brain Gym." *New Yorker*, July 29, 24–37.

McCarley, R. W. 2007. "Neurobiology of REM and NREM Sleep." *Sleep Medicine* 8, no. 4: 302–330.

McGonigal, K. 2015. *The Upside of Stress: Why Stress is Good for You, and How to Get Good at It*. New York: Avery Publishing.

Merzenich, M. M., R. J. Nelson, M. P. Stryker, M. S. Cynader, A. Schoppmann, and J. M. Zook. 1984. "Somatosensory Cortical Map Changes Following Digit Amputation in Adult Monkeys." *The Journal of Comparative Neurology* 224: 591–605.

Mitchell, A. J., and M. Shiri-Feshki. 2009. "Rate of Progression of Mild Cognitive Impairment to Dementia—Meta-Analysis of 41 Robust Inception Cohort Studies." *Acta Psychiatrica Scandinavica* 119, no. 4: 252–265.

Mitchell, J. T., L. Zylowska, and S. H. Kollins. 2015. "Mindfulness Meditation Training for Attention Deficit/Hyperactivity Disorder in Adulthood: Current Empirical Support, Treatment Overview, and Future Directions." *Cognitive Behavioral Practice* 22, no. 2: 172–191.

Morris, M. C., J. Brockman, J. A. Schneider, Y. Wang, D. A. Bennett, C. C. Tangney, and O. van de Rest. 2016. "Association of Seafood Consumption, Brain Mercury Level, and APOE ε4 Status with Brain Neuropathology in Older Adults." *Journal of the American Medical Association* 315, no. 5: 489–497.

Morris, M. C., C. C. Tangney, Y. Wang, F. M. Sacks, L. L. Barnes, D. A. Bennett, and N. T. Aggarwal. 2015. "MIND Diet Slows Cognitive Decline with Aging." *Alzheimer's & Dementia* 11, no. 9: 1015–1022.

Moyer, C. A., S. S. Sonnad, S. L. Garetz, J. I. Helman, and R. D. Chervin. 2001. "Quality of Life in Obstructive Sleep Apnea: A Systematic Review of the Literature." *Sleep Medicine* 2, no. 6: 477–491.

Neth, B. J., J. Graff-Radford, M. M. Mielke, S. A. Przybelski, T. G. Lesnick, C. G. Schwarz, R. I. Reid, M. L. Senjem, V. J. Lowe, M. M. Machulda, R. C. Petersen, C. R. Jack, Jr., D. S. Knopman, and P. Vemuri. 2020. "Relationship Between Risk Factors and Brain Reserve in Late Middle Age: Implications for Cognitive Aging." *Frontiers in Aging Neuroscience* 11: 1–11.

Nicoll, R. A. 2017. "A Brief History of Long-Term Potentiation." *Neuron* 9, no. 23: 281–290.

Niendam, T. A., A. R. Laird, K. L. Ray, Y. M. Dean, D. C. Glahn, and C. S. Carter. 2012. "Meta-Analytic Evidence for a Superordinate Cognitive Control Network

Subserving Diverse Executive Functions." *Cognitive Affective & Behavioral Neuroscience* 12, no. 2: 241–268.

Pantell, M., D. Rehkopf, D. Jutte, S. L. Syme, J. Balmes, and N. Adler. 2013. "Social Isolation: A Predictor of Mortality Comparable to Traditional Clinical Risk Factors." *American Journal of Public Health* 103, no. 11: 2056–2062.

Phua, C. S., L. Jayaram, and T. Wijeratne. 2017. "Relationship Between Sleep Duration and Risk Factors for Stroke." *Frontiers in Neurology* 8: 1–6.

Pittman, C. M., and E. M. Karle. 2015. *Rewire Your Anxious Brain: How to Use the Neuroscience of Fear to End Anxiety, Panic, and Worry.* Oakland, CA: New Harbinger Publications.

Poldrack, R. A., J. Clark, E. J. Pare-Blagoev, D. Shohamy, J. Creso Moyano, C. Myers, and M. A. Gluck. 2001. "Interactive Memory Systems in the Human Brain." *Nature* 414: 546–550.

Raichle, M. E., A. M. MacLeod, A. Z. Snyder, W. J. Powers, D. A. Gusnard, and G. L. Shulman. 2001. "A Default Mode of Brain Function." *Proceedings of the National Academy of Sciences* 98, no. 2: 676–682.

Rink, C., and S. Khanna. 2011. "Significance of Brain Tissue Oxygenation and the Arachidonic Acid Cascade in Stroke." *Antioxidants & Redox Signaling* 14, no. 10: 1889–1903.

Sabia, S., A. Fayosse, J. Dumurgier, A. Dugrovot, T. Akbaraly, A. Britton, M. Kivimäki, and A. Singh-Manoux. 2018. "Alcohol Consumption and Risk for Dementia: 23 Year Follow-Up of Whitehall II Cohort Study." *BMJ* 362: k2927.

Sacks, F. M., L. J. Appel, T. J. Moore, E. Obarzanek, W. M. Vollmer, L. P. Svetkey, G. A. Bray, T. M. Vogt, J. A. Cutler, M. M. Windhauser, P. H. Lin, and N. Karanja. 1999. "A Dietary Approach to Prevent Hypertension: A Review of the Dietary Approaches to Stop Hypertension (DASH) Study." *Clinical Cardiology* 22: III6–10.

Sadato, N., A. Pascual-Leone, J. Grafman, V. Ibañez, M. P. Deiber, G. Dold, and M. Hallett. 1996. "Activation of the Primary Visual Cortex by Braille Reading in Blind Subjects." *Nature* 380: 526–528.

Salthouse, T. A. 2009. "When Does Age-Related Cognitive Decline Begin?" *Neurobiology of Aging* 30: 507–514.

Sapolsky, R. M. 2004. *Why Zebras Don't Get Ulcers,* 3rd ed. New York: Holt Paperbacks.

Savić, M. M., D. I. Obradović, N. D. Ugrešić, and D. R. Boknjić. 2005. "Memory Effects of Benzodiazepines: Memory Stages and Types Versus Binding-Site Subtypes." *Neural Plasticity* 12, no. 4: 289–298.

Schacter, D. L., D. R. Addis, D. Hassabis, V. C. Martin, R. N. Spreng, and K. K. Szpunar. 2012. "The Future of Memory: Remembering, Imagining, and the Brain." *Neuron* 76, no. 4: 677–694.

Siegel, J. M. 2001. "The REM Sleep-Memory Consolidation Hypothesis." *Science* 294: 1058–1063.

Sng, E., E. Frith, and P. D. Loprinzi. 2018. "Temporal Effects of Acute Walking Exercise on Learning and Memory Function." *American Journal of Health Promotion* 32, no. 7: 1518–1525.

Socci, V., D. Tempesta, G. Desideri, L. De Gennaro, and M. Ferrara. 2017. "Enhancing Human Cognition with Cocoa Flavonoids." *Frontiers in Nutrition* 4: 1–7.

Squire, L. R. 2009. "The Legacy of Patient H. M. for Neuroscience." *Neuron* 61, no. 1: 6–9.

Stern, Y. 2002. "What Is Cognitive Reserve? Theory and Research Applications of the Reserve Concept." *Journal of the International Neuropsychological Society* 8: 448–460.

Stringer, A. Y. 2007a. *Ecologically Oriented Neurorehabilitation of Memory*. Los Angeles: Western Psychological Services.

Stringer, A. Y. 2007b. "Ecologically Oriented Neurorehabilitation of Memory: Robustness of Outcome Across Diagnosis and Severity." *Brain Injury* 25, no. 2: 169–178.

Sundström, A., O. Westerlund, and E. Kotyrlo. 2016. "Marital Status and Risk of Dementia: A Nationwide Population-Based Prospective Study from Sweden." *British Medical Journal Open* 6, no. 1: e008565.

Taren, A. A., J. D. Creswell, and P. J. Gianaros. 2013. "Dispositional Mindfulness Co-Varies with Smaller Amygdala and Caudate Volumes in Community Adults." *PLOS One* 8: 1–7.

Trichopoulou, A., T. Costacou, C. Bamia, and D. Trichopoulos. 2003. "Adherence to a Mediterranean Diet and Survival in a Greek Population." *New England Journal of Medicine* 348, no. 26: 2599–2608.

Twamley, E., M. Huckans, S-M. Tun, L. Hutson, S. Noonan, G. Savla, A. Jak, D. Schiehser, and D. Storzbach. 2012. *Compensatory Cognitive Training for Traumatic Brain Injury: Facilitator's Guide*. http://www.cogsmart.com/resources.

Underwood, E. 2016. "Brain Game-Maker Fined $2 Million for Lumosity False Advertising." *Science*, January 5. https://www.sciencemag.org/news/2016/01/brain-game-maker-fined-2-million-lumosity-false-advertising

Van der Helm, E., J. Yao, S. Dutt, V. Rao, J. M. Salentin, and M. P. Walker. 2011. "REM Sleep Depotentiates Amygdala Activity to Previous Emotional Experiences." *Current Biology* 21, no. 23: 2029–2032.

Van de Rest, O., Y. Wang, L. L. Barnes, C. Tangney, D. A. Bennett, and M. C. Morris. 2016. "APOE ε4 and the Associations of Seafood and Long-Chain Omega-3 Fatty Acids with Cognitive Decline." *Neurology* 86, no. 22: 2063–2070.

Vitanova, K. S., K. M. Stringer, D. P. Benitez, J. Brenton, and D. M. Cummings. 2019. "Dementia Associated with Disorders of the Basal Ganglia." *Journal of Neuroscience Research* 97. https://doi.org/10.1002/jnr.24508.

White, E. J., S. A. Hutka, L. J. Williams, and S. Moreno. 2013. "Learning, Neural Plasticity and Sensitive Periods: Implications for Language Acquisition, Music Training and Transfer Across the Lifespan." *Frontiers in Systems Neuroscience* 7: 1–18.

Williamson, A., and A. Feyer. 2000. "Moderate Sleep Deprivation Produces Impairments in Cognitive and Motor Performance Equivalent to Legally Prescribed Levels of Alcohol Intoxication." *Occupational and Environmental Medicine* 57, no. 10: 649–655.

Winer, J. R., B. A. Mander, R. F. Helfrich, A. Maass, T. M. Harrison, S. L. Baker, R. T. Knight, W. J. Jagust, and M. P. Walker. 2019. "Sleep as a Potential Biomarker of Tau and β-Amyloid Burden in the Human Brain." *The Journal of Neuroscience* 39, no 32: 6315–6324.

Wise, S. P. 1996. "The Role of the Basal Ganglia in Procedural Memory." *Seminars in Neuroscience* 8, no. 1: 39–46.

Woolett, K., and E. A. Maguire. 2011. "Acquiring 'the Knowledge' of London's Layout Drives Structural Brain Changes." *Current Biology* 21: 2109–2114.

Wright, R. J. 1996. *Beyond Time Management: Business with Purpose*. Newton, MA: Butterworth-Heinemann.

Zeidan, F., S. K. Johnson, B. J. Diamond, Z. David, and P. Goolkasian. 2010. "Mindfulness Meditation Improves Cognition: Evidence of Brief Mental Training." *Consciousness and Cognition* 19: 597–605.

Zimprich, D., P. Rast, and M. Martin. 2008. "Individual Differences in Verbal Learning in Old Age." In *Handbook of Cognitive Aging: Interdisciplinary Perspectives*, edited by S. M. Hoffer and D. F. Alwin. Thousand Oaks, CA: Sage Publications, Inc.